测量学实验教程

主编:张雪松　梅　新

华中师范大学出版社
2012 年·武汉

内容提要

本实验教程为与《测量与地图学》相配套的辅助教材，旨在帮助学生巩固课堂所学理论知识，培养实践动手能力，提高野外实际测量作业的基本技能，丰富地理科学素养。全书分为测量实验实习的一般规定、测量实验指导、测量综合实习指导和实验报告四个部分。

本书读者对象为高等院校地理类专业的本科生，其他开设测量学课程的相关专业可根据学时数、教学内容和仪器条件灵活安排。

新出图证(鄂)字10号

图书在版编目(CIP)数据

测量学实验教程 / 张雪松　梅新　主编. —武汉：华中师范大学出版社，2012.12
(21世纪高等院校示范性实验系列教材)
ISBN 978-7-5622-5869-8

Ⅰ.①测…　Ⅱ.①张…　②梅…　Ⅲ.①测量学—实验—高等学校—教材　Ⅳ.①P2-33

中国版本图书馆CIP数据核字(2012)第308920号

测量学实验教程

©张雪松　梅新　主编

责任编辑：冯　伟　**责任校对**：易　雯　**封面设计**：罗明波
编辑室：第二编辑室　**电话**：027－67867362
出版发行：华中师范大学出版社有限责任公司
社址：湖北省武汉市珞喻路152号
销售电话：027－67863426/67863280
邮购电话：027－67861321
传真：027－67863291
网址：http://www.ccnupress.com　**电子信箱**：hscbs@public.wh.hb.cn
印刷：仙桃市新华印务有限公司　**督印**：章光琼
字数：160千字
开本：889mm×1194mm　1/16　**印张**：5.75
版次：2012年12月第1版　**印次**：2012年12月第1次印刷
印数：1—2 000　**定价**：12.80元

欢迎上网查询、购书

前　言

《测量学》是一门实践性鲜明的课程，是地理科学、地理信息系统、资源环境与城乡规划管理等专业的必修课程，也是旅游管理专业的选修课程。该课程对于提高学生实践动手能力，帮助理解与学习地理相关学科，增强社会适应能力，具有重要的意义。

《测量学实验教程》旨在帮助学生巩固课堂所学理论知识，培养学生实践动手能力，提高学生野外实测作业的基本技能，丰富地理科学素养。为便于学生对测量基本原理的理解，本书从传统测量方法与仪器着手，实验安排与理论课同步进行。同时，考虑到现代测量技术的发展日趋成熟与普遍的应用，本书对相应的实验做了安排。本书分四部分：第一部分介绍了测量实验实习的一般规定；第二部分是测量实验指导，主要内容包括水准仪、经纬仪、全站仪、GPS 等测绘仪器的使用，以及水准测量、角度测量、距离测量、导线测量、坐标测量等测量方法的实施；第三部分是测量综合实习指导，详细介绍大比例数字测图的方法与过程；第四部分是实验报告。本书所包含的所有实验，不仅都详细列出了实验目的、内容、要求、条件与步骤及注意事项，还包括需要学生完成的实验报告与思考题。

编　者

2012 年 12 月

目　　录

一、实验项目设置与内容

本书适用于师范类院校地理科学、地理信息系统、资源环境与城乡规划管理等专业，由于各相近专业教学大纲的侧重点不完全相同，各院校测绘仪器配置及实验场所也有差异，为提高本书的适应性，将实验(实习)项目分为必修和选修两种类型。任课教师可根据课程教学大纲，灵活安排相应实验。

序号	实验项目	实验要求	主要内容及目的要求	主要仪器
1	水准仪认识及使用	必修	完成水准仪整平、认识、读数	DS_3 型水准仪
2	普通水准测量	必修	完成闭合水准路线测量	DS_3 型水准仪
3	经纬仪认识与使用	必修	掌握经纬仪的构造、各种部件的用途及使用方法	DJ_6 型光学经纬仪
4	测回法观测水平角	必修	掌握经纬仪的操作方法及水平度盘读数的配置方法；掌握测回法观测水平角的观测顺序、记录和计算方法	DJ_6 型光学经纬仪
5	全圆测回法观测水平角	选修	掌握全圆测回法观测水平角的操作顺序及记录、计算方法；弄清归零、归零差、归零方向值、$2c$ 变化值的概念及各项限差的规定	DJ_6 型光学经纬仪
6	竖直角测量	必修	掌握竖直角测量的操作顺序及记录、计算方法；弄清指标差的概念及限差的规定	DJ_6 型光学经纬仪
7	视距测量	必修	掌握视距测量的观测方法和需要观测的数据；学会用计算器进行视距计算	DJ_6 型光学经纬仪
8	全站仪认识与使用	必修	认识全站仪主要操作部件及其作用；认识键盘按键功能；初步掌握全站仪的基本功能	全站仪
9	全站仪控制测量	选修	学会利用全站仪进行导线坐标的连续测量	全站仪
10	四等水准测量	选修	掌握双面尺法进行水准测量的观测、记录、计算和校核方法；熟悉四等水准测量的主要技术指标、观测方法；掌握测站及水准路线的检核方法	DS_3 型水准仪
11	GPS 认识与使用	必修	了解 GPS 接收机的构造及组成，初步掌握 GPS 接收机的操作方法；掌握 GPS 天线高量测方法；掌握 GPS 静态相对定位测量的方法	GPS 接收机
12	碎部测量	选修	掌握选择地形点的要领；掌握大比例尺地形图测绘方法	DJ_6 型光学经纬仪
13	数字测图	选修	掌握小地区大比例尺数字测图方法和数字成图软件的使用	全站仪、计算机、数字测图软件

二、实验与实习方式及基本要求

测绘工作是一项团体工作，讲究团队精神。因而，在实验过程中，要以小组为单位，小组内部以及小组之间要合理分工，互相配合。具体规则要求如下：

1. 实验或实习场地全部为室外，按 4～5 人为一个小组进行。

2. 实验或实习前，要认真阅读教科书相关章节和本实验指导书，搞清实验目的、要求、仪器，以及实验步骤与注意事项。

3. 实验或实习前，各小组应准备好计算器、铅笔、小刀等工具。

4. 实验或实习开始前，以小组为单位，由组长负责到测量实验室领取所需仪器，并做好仪器借用登记工作。

5. 实验或实习应在规定的时间和指定的场地内进行，各成员不得无故缺席或迟到、早退，禁止打闹玩耍，也不得擅自改变实验地点。

6. 实验或实习过程中或结束后，发现仪器或工具有损坏、遗失等情况，应及时报告指导教师。指导教师和仪器管理人员查明情况后，根据具体情况，做出相应的经济处罚和批评。

7. 实验或实习中，各小组长应根据实验内容，合理分工，并注意工作轮换。各小组成员要做到积极参与、相互配合。

8. 实验结束时，须将观测实验报告交给指导教师审查评阅，待老师同意后方可收拾仪器离开实验点，并及时向测量实验室归还仪器与工具。

三、测量仪器使用须知

为保证测量成果质量、提高测量工作效率和延长测量仪器的使用寿命，测量人员必须正确使用和精心爱护仪器。具体规则要求如下：

1. 领取测量仪器时，应认真检查仪器及脚架各部分是否完好、能否正常使用；检查仪器配件是否完备，电池电量是否能保证外业工作。

2. 从仪器箱内取出仪器前，应先看清仪器在箱内安放的位置和方向，以便仪器用毕后按原位置顺利装箱。

3. 取仪器时，应先放松制动按钮，以免强行扭转仪器部件而使仪器轴系受到损坏。

4. 用双手将仪器从箱内拿出，轻拿轻放，不要单手抓仪器，不要用手触摸或用纸擦拭仪器的目镜、物镜等光学部分。

5. 取出仪器后，应将仪器箱盖好，以免灰沙进入。仪器箱不能承重，不可坐人，更不可用来垫脚观测。

6. 安置仪器时，应旋紧中心连接螺旋使仪器和脚架连紧，否则很有可能使仪器自脚架滑落，受到严重损坏。

7. 架设仪器时，脚架腿的分开距离和高度应适中，既使仪器重心稳定，又便于观测。在松软地面安置仪器应将脚架腿脚尖踩实，在水泥等坚固路面安置仪器应防止脚架滑倒而摔坏仪器。

8. 沿道路设站时，测站和安放标尺的转点均应靠近路边，以免往返车辆和行人碰撞仪器。

9. 测量时仪器旁始终要有人守护。

10. 观测时，转动仪器前要松开制动螺旋，使用微动螺旋前要旋紧制动螺旋。目镜、物镜的调焦螺旋、基座的脚螺旋及各种微动螺旋尽可能只使用到中间部分，不可强行旋至两端，以免损坏螺旋。

11. 观测时，转动仪器应平稳、用力均匀，按规定方向旋转，避免盲目转动。

12. 全站仪作业地点应避免高压线、变压器等强电磁场的干扰，反光镜后面不应有反光镜或强光源；不要随意改变仪器的常数设置，也不要用望远镜照准太阳或瞄准他人。

13. 远距离搬迁必须把仪器取下，装回仪器箱后搬迁；近距离搬站时，可收拢三脚架，连同仪器一并夹于腋下，一手托住仪器一手抱住三脚架，并使仪器在上脚架朝下呈微倾状态进行搬迁，切不可将仪器扛在肩上进行搬迁；但全站仪等贵重仪器，即使近距离搬站，也不能采用这种方式。

14. 用完仪器后，应将各制动螺旋松开，装箱后应轻轻试盖，严禁强行装入；在确认安放正确后再旋紧制动螺旋，以免仪器在箱内自由转动，受到损坏。

15. 清点箱内附件完毕后，将仪器箱扣件扣紧并锁好，以免再次使用提起仪器时，发生箱盖自动打开而摔出仪器的严重事故。

四、测量记录与计算须知

为了保证测量记录与计算的准确性，具体要求如下：

1. 外业记录必须用 2H 或 3H 铅笔。

2. 记录前须在观测手簿或制定的记录纸上填写实验日期、天气状况、班组号、观测者、记录者等内容。

3. 所有观测数据必须保证其真实性，观测手簿应事先编好页码或装订成册。观测完毕后及时记录，不得记录在草稿纸上然后转抄，严禁伪造数据。

4. 记录数字应清晰工整，不得涂改、擦拭和挖补数据。记录数字如有差错，不准用橡皮擦去，也不准在原数字上涂改。如发现错误，应在错误数字上划一细线，同时将正确数字记在其上方。

5. 严禁连环更改数据。如已修改了算术平均值，则不能再更改计算算术平均值的任何一个原始数据；若修改了某个观测值，则不能再更改其算术平均值。

6. 及时对观测数据进行计算，并将计算结果与相关限差进行比较，只有在满足一个步骤的检核后，方可进行下一步观测。

7. 记录观测数据应有效取位：水准测量取至毫米；角度测量取至秒；分和秒都应该记满两位，如 1°0′6″应记录为 1°00′06″；距离测量取至毫米。

8. 测量计算时，数字进位规则按照“四舍五入、单进双不进”的原则进行。如要求小数点后保留一位数，则 12.13、12.16、12.15、12.45 等数据对应的最后结果分别为：12.1、12.2、12.2、12.4。

9. 每站观测完毕后，须现场完成规定的计算和检核，若发现测量结果超限应立即重测。

测量实验是在课堂教学期间某一章节讲授之后安排的实践性教学环节。通过测量实验可以加深对测量基本概念的理解，巩固课堂所学的基本理论，初步掌握测量工作的操作技能，为学习测量课程的综合实习打好基础，以便更好地掌握测量课程的基本内容。

本部分共列出12个测量实验项目，其顺序基本按照课程教学的内容先后安排。部分实验项目为介绍新仪器和技术方法，各学校可根据各自的仪器情况选择。每项实验的学时数一般为2学时，实验小组人数一般为4人，但也应根据实验的具体内容以及仪器设备条件做灵活安排，以保证每人都能进行观测、记录、做辅助工作等实践。

实验基本上应由教师在理论学习完成后提前布置任务，学生需提前预习，明确实验内容和要求，熟悉实验方法，这样才能顺利完成实习任务，掌握实践技能。

实验一　水准仪认识及使用

实验学时：2学时　　　实验类型：验证　　　实验要求：必修

一、实验目的

1. 掌握 DS_3 型水准仪(微倾式或自动安平)的基本构造，认识其各个操作部件的名称和作用。
2. 练习水准仪的整平、瞄准，应能准确地读出水准尺读数。
3. 初步掌握两点间高差测量的方法。

二、实验内容

4人为一个实验小组，每人独立完成仪器整平、瞄准、读数。

三、实验要求

1. 认识仪器各个操作部件的名称和作用。
2. 对 DS_3 型水准仪进行整平，瞄准水准尺，转动微倾螺旋，使符合水准管气泡居中后读数；实验的同时必须认真填写实验数据并计算。

四、实验条件

1. DS_3 型水准仪一台，水准尺一把。
2. 实验时间应在白天，无雨无大风，地点在校内广场。

五、实验步骤

（一）认识水准仪

水准仪是提供水平视线的仪器。水准仪有三种：微倾式水准仪、自动安平水准仪和电子水准仪。微倾式水准仪是用微倾螺旋手动精平；自动安平水准仪是利用补偿器自动精平；电子水准仪也称数字水准仪，是一种高科技数字化水准仪，配合条纹编码尺实现自动识别、自动记录，显示高程和高差，实现了高程测量外业完全自动化。工程常见的水准仪有 DS_{05}、DS_1、DS_3，“D”和“S”分别为大地测量仪器和水准仪汉语拼音的第一个字母，角码 05、1、3 表示仪器精度，为每千米高差中数的中误差。DS_{05}、DS_1 适用于精密水准测量，DS_3 适用于普通水准测量，是常用的一种仪器。如图 2-1A、B 所示，DS_3 型水准仪由望远镜、水准器、基座三部分组成。

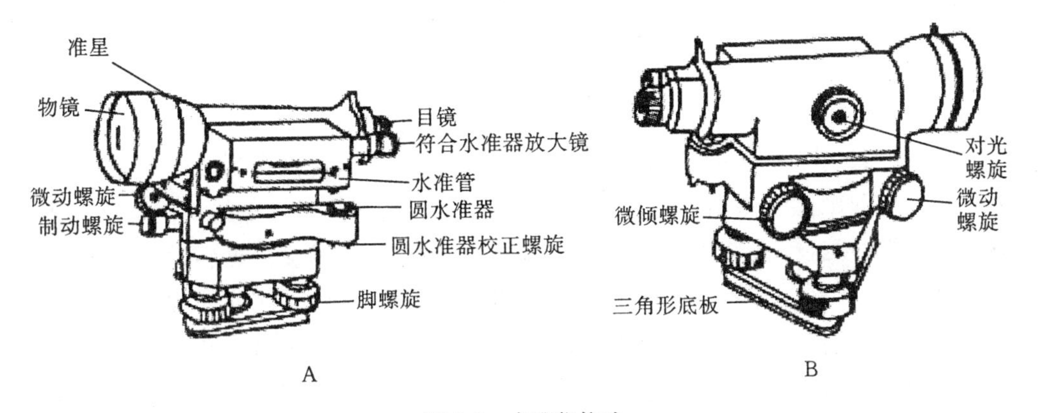

图 2-1　水准仪构造

（二）安置水准仪

在测站松开三脚架的蝶形螺旋，按观测者的身高调节三只脚的长度后，旋紧螺旋。安置脚架时，应使架头大致水平。当放入泥土地面时，应将三脚架的脚尖踩入土中，以防仪器下沉；当放入水泥地面时，如特别滑要采用防滑措施；当放入倾斜地面时，就将三脚架的一只脚安放在高处，另两只脚安置在低处。

打开仪器箱，记住仪器摆放位置，以便仪器装箱时按原位摆放。双手将仪器从仪器箱中平稳地拿出放在脚架架头，接着一手握住仪器，另一手将中心螺旋旋入仪器基座内旋紧，将其固定在三脚架上。安置时应使三脚架架头大致水平，才能保证脚螺旋粗略整平圆水准器；脚架跨度不能太大，避免摔坏仪器。

（三）粗略整平

粗平就是旋转脚螺旋使圆水准器气泡居中，从而使仪器大致水平。为了快速粗平，对于坚实地面，可固定脚架的两只脚，一手扶住脚架顶部，另一手握住第三只脚作前后左右移动，眼看着圆水准器气泡，使之离中心不远（一般位于中心的圆圈上即可），然后再用脚螺旋粗平。双手食指和拇指各拧一对脚螺旋，同时相向（或反向）转动，使圆水准器气泡向中间移动，再转动另一只脚螺旋，使气泡移至圆水准器居中位置。一次不能居中，应反复进行。（练习并体会圆水准器气泡移动方向与左手大拇指转动脚螺旋的方向一致）

气泡移动的方向与左手大拇指转动脚螺旋的方向一致。转动脚螺旋使气泡居中的操作规律是：气泡需要向哪个方向移动，左手拇指就向哪个方向转动脚螺旋。如图 2-2A，气泡偏离在 a 的位置，首先按箭头所指的方向同时转动脚螺旋①和②，使气泡移到 b 的位置，如图 2-2B，再按箭头所指方向转动脚螺旋③，使气泡居中。

从仪器构造上来说，气泡在哪个方向，则仪器哪个方向位置高；脚螺旋顺时针方向(俯视)旋转，则此脚螺旋位置升高，反之则降低。

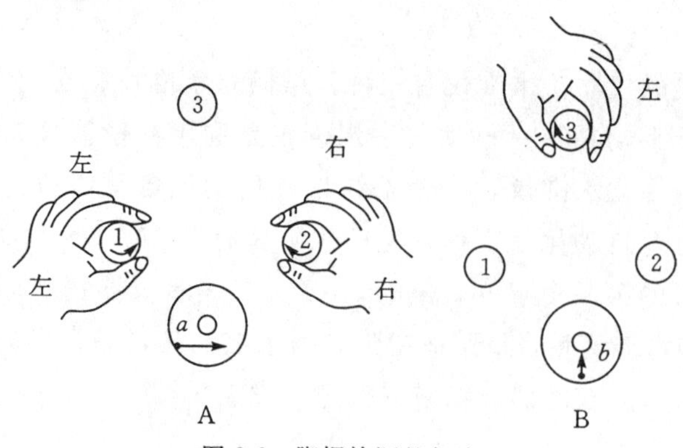

图 2-2 脚螺旋调整气泡

(四)水准仪的操作(瞄准、精平和读数)

瞄准——转动目镜调焦螺旋，使十字丝清晰；松开制动螺旋，转动仪器，用准星瞄准水准尺，旋紧制动螺旋，转动微动螺旋，使水准尺位于视场中央；转动物镜调焦螺旋，消除视差，使目标清晰(体会视差现象，练习消除视差的方法)。照准光亮处，转动目镜对光螺旋，使十字丝清晰；然后松开水平制动螺旋，转动望远镜上部的初瞄器照准目标，旋紧制动螺旋；再转动物镜对光螺旋，使目标成像清晰；此时，若目标的像不在望远镜视场的中间位置，可转动水平微动螺旋，对准目标。随后，眼睛在目镜端上下移动，检查十字丝与水准尺分划之间是否有相对移动，如十字丝交点总是指在标尺物像的一个固定位置，即无视差现象，如图 2-3A 所示；如十字丝横丝在标尺上错动就是有视差，说明标尺物像没有呈现在十字丝平面上，如图 2-3B 所示。若有视差将影响读数的准确性。消除视差时要仔细进行物镜对光使水准尺看得最清楚，这时如果十字丝看不清楚或出现重影，再旋转目镜对光螺旋，直至完全消除视差为止，最后利用微动螺旋使十字丝精确照准水准尺。

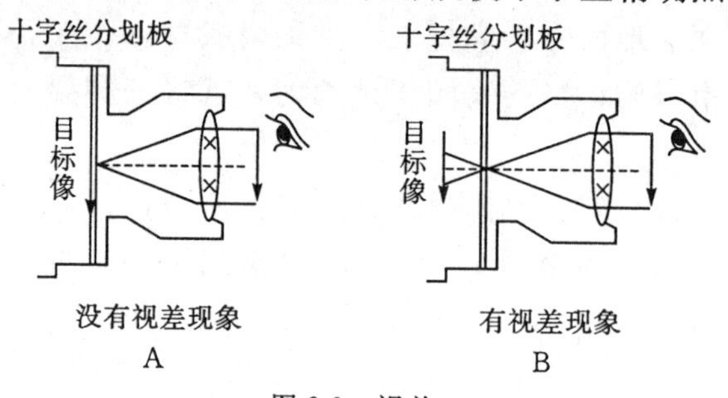

图 2-3 视差

精平——对于微倾式水准仪，转动微倾螺旋，使符合水准管气泡两端的半影像吻合(成圆弧状)，即符合气泡严格居中。自动安平水准仪不需要这个步骤。

读数——从望远镜中观察十字丝在水准尺上的分划位置，读取四位数字，即只读出米、分米、厘米的数值，估读毫米的数值。对于自动安平水准仪，自动补偿器正常工作时(显示框为全绿色，而且如果圆水准器气泡居中调节好的话，显示框中白线对缺口)，即可读数。读取四位数，读数是分别估读毫米，读出米、分米、厘米。读数时，要特别注意不要错读单位和发生漏零现象，扶尺人员应时刻注意尺面不可倾斜。如图 2-4 所示为倒水准尺，十字丝中丝的读数为 0907 mm(或 0.907 m)；十字丝下丝的读数为 0989 mm(或 0.989 m)；十字丝上丝的读数为 0825 mm(或 0.825 m)。

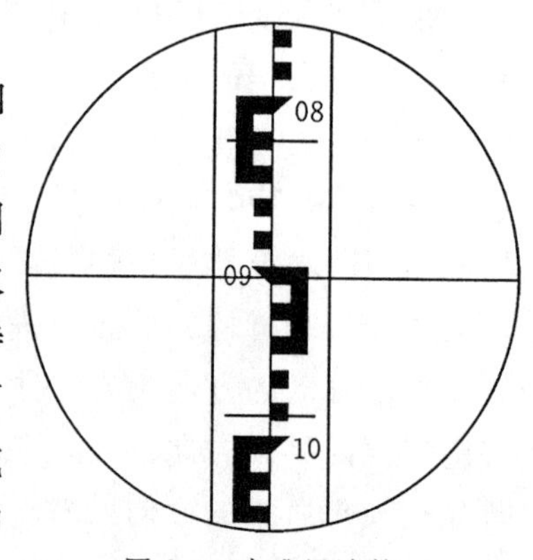

图 2-4 水准尺读数

综上所述，微倾式水准仪的基本操作程序为：

安置——粗平——精平——瞄准——读数

自动安平水准仪的基本操作程序为：

安置——粗平——瞄准——读数

（五）观测练习

在仪器两侧各立一把水准尺，分别进行观测（瞄准、精平、读数）、记录并计算高差。不动水准尺，改变仪器高度，同法观测。两次测得高差应小于 5 mm。

六、思考题

1. 如何快速整平水准仪？
2. 为什么微倾式水准仪每次读数前还要精平仪器？

七、实验报告

每位同学均要填写实验报告一，实验结束后将报告以小组为单位装订成册上交。

八、注意事项

1. 三脚架应支在平坦、坚固的地面上，架设高度应适中，架头应大致水平，安置仪器时应将仪器中心连接螺旋拧紧，防止仪器从脚架上脱落下来。
2. 水准仪为精密光学仪器，在使用中要按照操作规程作业，各个螺旋要正确使用。
3. 在读数前务必观察自动补偿器（自平式）是否正常工作或观察水准器的符合水准气泡（微倾式）是否严格符合后再读数。
4. 转动各螺旋时要稳、轻、慢，不能用力太大。
5. 遇到问题，及时向指导教师汇报，不能自行处理。
6. 水准尺必须要有人扶着，决不能立在墙边或靠在电杆上，以防摔坏水准尺。
7. 螺旋转到头要返转回来少许，切勿继续再转，以防脱扣。

实验二　普通水准测量

实验学时：2 学时　　　实验类型：综合　　　实验要求：必修

一、实验目的

1. 进一步熟练掌握 DS_3 型水准仪的基本构造，认识其主要部件的名称、作用和水准仪的使用方法。

2. 掌握水准测量的施测方法、记录和计算方法。

3. 熟悉高差闭合差调整及高程计算的方法。

二、实验内容

4 人为一实验小组，完成闭合水准路线测量。

三、实验要求

1. 布设闭合水准路线。

2. 仪器与前、后尺距离应大致相等。

3. 根据观测结果，计算水准路线高差闭合差、高差闭合差改正数及待定点高程。

4. 高差闭合差允许值为：平地 $f_h=\pm 40\sqrt{L}$ mm，山地 $f_h=\pm 12\sqrt{n}$ mm。

四、实验条件

1. DS_3 型水准仪一台，水准尺一对，钢尺一把，自备铅笔、计算器和记录计算纸张。

2. 实验时间应在白天，无雨无大风；地点在校内广场。

五、实验步骤

(一)拟定施测路线

教师给出指定的闭合水准路线待测水准点和已知水准点，并带领学生熟悉各点所在位置。全组共同施测一条闭合水准路线，其长度以安置 4～6 个测站为宜。确定起始点及水准路线的前进方向。人员分工为：两人扶尺，一人记录，一人观测。施测 1～2 站后轮换工作。

(二)施测第一站

在起始点和第一个待定点分别立水准尺，在距该两点大致等距离处安置仪器，观测者应首先整平仪器，然后照准后视尺，对光、调焦、消除视差。立尺者在前、后视点上竖立水准尺(注意已知水准点和待测水准点上均不可放尺垫)，分别观测得后视尺上的中丝读数和前视读数，计算高差；改变仪器高度(或换水准尺另一面)，再读取后、前视读数，计算高差。检查互差是否超限。计算平均高差。

(三)计算高差

根据已知点高程及各测站的观测高差，计算水准路线的高差闭合差，并在限差内对闭合差进行配赋，推算各待定点的高程。

(四)继续施测

仪器迁至第二站，第一站的前视尺不动变为第二站的后视尺，第一站的后视尺移到转点 2 上，变为第二站的前视尺，按与第一站相同的方法进行观测、记录、计算。

按以上程序依选定的水准路线方向继续施测，直至回到起始水准点1为止，完成最后一个测站的观测记录。

（五）成果校核

观测结束后，立即算出高差闭合差 f_h。如果 f_h 小于 $f_{h允}$，说明观测成果合格，即可算出各立尺点高程(假定起点高程为100 m)。否则，要进行重测。

六、思考题

为什么要把水准仪架设在与前、后尺距离大致相等的位置？

七、实验报告

按小组填写一份实验报告二，实验结束后提交。

八、注意事项

1. 仪器的安置位置应保持前、后视距大致相等。每次观测读数前，应使符合水准管气泡居中，并消除望远镜视差。

2. 水准测量工作要求全组人员紧密配合，互谅互让，禁止闹意见。

3. 中丝读数一律取四位数，记录员也应记满四个数字，“0”不可省略。

4. 水准测量记录要特别细心，当记录者听到观测者所报读数后，要回报观测者，经默许后方可记入记录表中。观测者应注意复核记录者的记录数字。

5. 立尺员思想集中，立直水准尺。如使用尺垫，则注意已知水准点和待定水准点处不放尺垫。仪器未搬迁，后视点尺垫不能移动；仪器搬迁时，前视点尺垫不能移动。迁站时应防止摔碰仪器或丢失工具。

6. 水准测量记录中严禁涂改、转抄，不准用钢笔、圆珠笔记录，字迹要工整、整齐、清洁。

7. 在转点上立尺，读完上一站前视读数后，在下站的测量工作未完成之前绝对不能碰动尺垫或弄错转点位置。

8. 为校核每站高差的正确性，可采用变换仪器高方法进行施测，以求得平均高差值作为本站的高差。

9. 限差要求：同一测站两次仪器高所测高差之差应小于5 mm；水准路线高差闭合差的允许值为 $f_{h允}=\pm40\sqrt{L}$(或 $\pm12\sqrt{n}$)mm，超限应重测。

实验三 经纬仪认识与使用

实验学时：2学时　　实验类型：验证　　实验要求：必修

一、实验目的

1. 掌握 DJ_6 型光学经纬仪的基本构造、各操作部件的用途及使用方法。
2. 掌握经纬仪的安置方法，学会使用光学经纬仪。

二、实验内容

1. 操作仪器，熟悉 DJ_6 型光学经纬仪操作部件的名称和作用。
2. 熟悉 DJ_6 型光学经纬仪的度盘读数并进行练习。
3. 每人用盘左位置瞄准目标，测量两方向间的水平角。

三、实验要求

1. 认识经纬仪各个操作部件的名称和作用。
2. 练习经纬仪对中、整平、瞄准及读数方法。
3. 在盘左位置瞄准目标，测量两方向间的水平角。

四、实验条件

1. 4人一组，每组配备 DJ_6 型光学经纬仪一台、花杆两根与测钎两根，自备铅笔和计算器。
2. 实验时间应在白天，无雨无大风；地点在校内广场。

五、实验步骤

(一)认识仪器

DJ_6 型光学经纬仪由照准部、水平度盘和基座三大部分组成(如图 2-5)。

1. 照准部

照准部主要部件有望远镜、照准部水准管、竖直度盘、读数设备等。

①望远镜由物镜、目镜、十字丝分划板、调焦透镜组成。望远镜的主要作用是照准目标，望远镜与横轴固定在一起，由望远镜制动螺旋和微动螺旋控制其做上下转动。照准部可绕竖轴在水平方向转动，由照准部制动螺旋和微动螺旋控制其水平转动。

②照准部水准管用于精确整平仪器。

③竖直度盘是为了测竖直角设置的，可随望远镜一起转动。另设竖盘指标自动补偿器装置和开关，借助自动补偿器使读数指标处于正确位置。

④读数设备，通过一系列光学棱镜将水平度盘和竖直度盘及测微器的分划都显示在读数显微镜内，通过仪器反光镜将光线反射到仪器内部，以便读取度盘读数。

⑤另外为了能将竖轴中心线安置在过测站点的铅垂线上，在经纬仪上都设有对点装置。一般光学经纬仪都设置有垂球对点装置或光学对点装置，垂球对点装置是在中心螺旋下面装有垂球挂钩，将垂球挂在钩上即可；光学对点装置是通过安装在旋转轴中心的转向棱镜，将地面点成像在对点分划板上，通过对中目镜放大，同时看到地面点和对点分划板的影像，若地面点位于对点分划板刻划中心，并且水准管气泡居中，则说明仪器中心与地面点位于同一铅垂线上。

2. 水平度盘

水平度盘是一个光学玻璃圆环，圆环上按顺时针刻划注记 0°～360°分划线，主要用来测量水平角。观测水平角时，经常需要将某个起始方向的读数配置为预先指定的数值，称为水平度盘的配置，水平度盘的配置机构有复测机构和拨盘机构两种类型，北光仪器采用的是拨盘机构，当转动拨盘机构变换手轮时，水平度盘随之转动，水平读数发生变化，而照准部不动，当压住度盘变换手轮下的保险手柄，可将度盘变换手轮向里推进并转动，即可将度盘转动到需要的读数位置上。

3. 基座

基座是支承仪器的底座，主要由基座、圆水准器、脚螺旋和连接板组成，照准部同水平度盘一起插入轴座，用固定螺丝固定。圆水准器用于粗略整平仪器，三个脚螺旋用于整平仪器，从而使竖轴竖直，水平度盘水平。连接板用于将仪器稳固的连接在三脚架上。

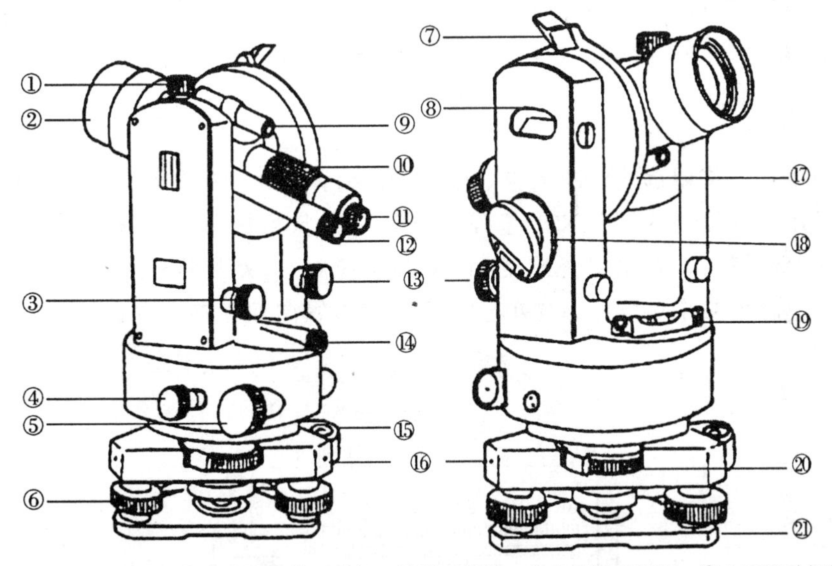

①望远镜制动螺旋；②望远镜物镜；③望远镜微动螺旋；④水平制动螺旋；⑤水平微动螺旋；⑥脚螺旋；⑦竖盘水准管观察镜；⑧竖盘水准管；⑨瞄准器；⑩物镜调焦环；⑪望远镜目镜；⑫度盘读数镜；⑬竖盘水准管微动螺旋；⑭光学对中器；⑮圆水准器；⑯基座；⑰垂直度盘；⑱度盘照明镜；⑲平盘水准管；⑳水平度盘位置交换轮；㉑基座底板

图 2-5　DJ_6 型光学经纬仪构造图

(二)安置仪器

各小组在给定的测站点上架设仪器(从箱中取经纬仪时，应注意仪器的装箱位置，以便用后装箱)。在测站点上撑开三脚架，高度应适中，架头应大致水平；然后把经纬仪安放到三脚架的架头上。安放仪器时，一手扶住仪器，一手旋转位于架头底部的连接螺旋，使连接螺旋穿入经纬仪基座压板螺孔，并旋紧螺旋。

(三)熟悉仪器

对照实物正确说出仪器的组成部分、各螺旋的名称及作用。

(四)对中

有垂球对中和光学对中器对中两种方法，此实验采用光学对中器对中。光学对中器对中方法如下：

1. 将仪器中心大致对准地面测站点。

2. 通过旋转光学对中器的目镜调焦螺旋，使分划板对中圈清晰；通过推、拉光学对中器的镜管进行对光，使对中圈和地面测站点标志都清晰显示。

3. 移动脚架或在架头上平移仪器，使地面测站点标志位于对中圈内。

4. 逐一松开三脚架架腿制动螺旋并利用伸缩架腿(架脚点不得移位)使圆水准器气泡居中，大致整平仪器。

5. 用脚螺旋使照准部水准管气泡居中，整平仪器。

6. 检查对中器中地面测站点是否偏离分划板对中圈。若发生偏离，则松开底座下的连接螺旋，在架头上轻轻平移仪器，使地面测站点回到对中器分划板刻对中圈内。

7. 检查照准部水准管气泡是否居中。若气泡发生偏离，需再次整平，即重复前面过程，最后旋紧连接螺旋。

(五)整平

转动照准部，使水准管平行于任意一对脚螺旋，同时相对(或相反)旋转这两只脚螺旋(气泡移动的方向与左手大拇指行进方向一致)，使水准管气泡居中；然后将照准部绕竖轴转动 90°，再转动第三只脚螺旋，使气泡居中。如此反复进行，直到照准部转到任何方向，气泡在水准管内的偏移都不超过刻划线的一格为止。

(六)瞄准

取下望远镜的镜盖，将望远镜对准天空(或远处明亮背景)，转动望远镜的目镜调焦螺旋，使十字丝最清晰；然后用望远镜上的照门和准星瞄准远处一线状目标(如远处的避雷针、天线等)，旋紧望远镜和照准部的制动螺旋，转动对光螺旋(物镜调焦螺旋)，使目标影像清晰；再转动望远镜和照准部的微动螺旋，使目标被十字丝的纵向单丝平分，或被纵向双丝夹在中央。

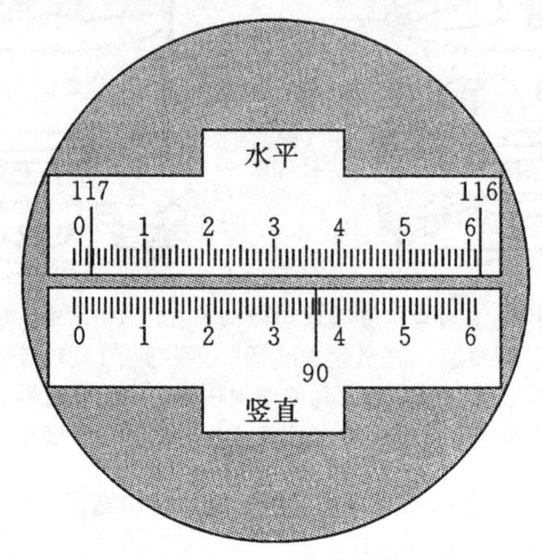

图 2-6 DJ_6 光学经纬仪读数窗

(七)读数

瞄准目标后，调节反光镜的位置，使读数显微镜读数窗亮度适当，旋转显微镜的目镜调焦螺旋，使度盘及分微尺的刻划线清晰，读取落在分微尺上的度盘刻划线所示的度数，然后读出分微尺上 0 刻划线到这条度盘刻划线之间的分数，最后估读至 1′的 0.1 位。(如图 2-6 所示，水平度盘读数为 117°01.9′，竖盘读数为 90°36.2′)

(八)设置度盘读数

可利用光学经纬仪的水平度盘读数变换手轮，改变水平度盘读数。做法是打开基座上的水平度盘读数变换手轮的护盖，拨动水平度盘读数变换手轮，观察水平度盘读数的变化，使水平度盘读数为一定值，关上护盖。

有些仪器配置的是复测扳手，要改变水平度盘读数，首先要旋转照准部，观察水平度盘读数的变化，使水平度盘读数为一定值，按下复测扳手将照准部和水平度盘卡住；再将照准部(带着水平度盘)转到需瞄准的方向上，打开复测扳手，使其复位。

(九)记录

用2H或3H铅笔将观测的水平方向读数记录在表格中，用不同的方向值计算水平角。

六、思考题

1. 同一方向观测的盘左与盘右观测值有何差异?
2. 为什么要对中、整平?

七、实验报告

每位同学均要填写实验报告三，实验结束后将报告以小组为单位装订成册上交。

八、注意事项

1. 将经纬仪由箱中取出并安置到三脚架上时，必须一只手拿住经纬仪，另一只手托住基座的底部，并立即将中心螺旋旋紧，严防仪器从脚架上掉下摔坏。

2. 瞄准时，必须瞄准到测钎的根部。

3. 实验的同时必须认真填写实验数据并计算。

4. 操作仪器时，用力要均匀。转动照准部或望远镜，要先松开制动螺旋，切不可强行转动仪器。旋紧制动螺旋时，也不宜用力过大。微动螺旋、脚螺旋均有一定的调节范围，应尽量使用中间部分。

5. 仪器装箱时要松开水平制动和竖直制动螺旋。竖盘自动归零经纬仪装箱时，要把自动归零开关旋到“OFF”位置。

6. 使用带分微尺读数装置的DJ_6型光学经纬仪，读数时应估读到0.1′，即6″，故读数的秒值部分应为6″的整数倍。

实验四　测回法观测水平角

实验学时：2 学时　　　　实验类型：综合　　　　实验要求：必修

一、实验目的

1. 掌握经纬仪的操作方法及水平度盘读数的配置方法。
2. 掌握测回法观测水平角的观测顺序、记录和计算方法。
3. 了解用 DJ_6 型光学经纬仪按测回法观测水平角的各项技术指标。

二、实验内容

要求 4 人组成一个实验小组，每人观测一个测回并完成相应的记录与计算。

三、实验要求

1. 按测回数配置水平度盘的起始方向读数。
2. 用测回法观测水平角。

四、实验条件

经纬仪一台，花杆两根，测钎两根，记录板一个。

五、实验步骤

(一)讲解水平角测量原理

1. 水平角原理

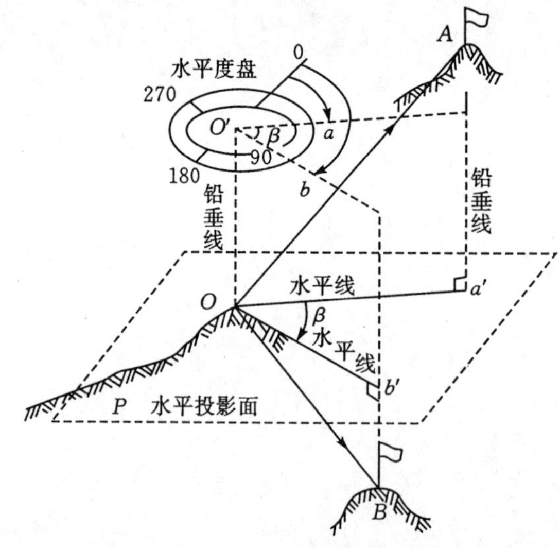

图 2-7　水平角测量原理

地面上两条相交直线之间的夹角在水平面上的投影称为水平角。如图 2-7 所示，A、B、O 为地面上的任意点，过 OA 和 OB 直线各作一垂直面，并把 OA 和 OB 分别投影到水平投影面上，其投影线 Oa' 和 Ob' 的夹角 $\angle a'Ob'$，就是 $\angle AOB$ 的水平角 β。

2. 水平角测量的原理

如果在角顶 O 上安置一个带有水平刻度盘的测角仪器，其度盘中心 O' 在通过测站 O 点的铅垂线上，设 OA 和 OB 两条方向线在水平刻度盘上的投影读数为 a_1 和 b_1，则水平角 β 为：

$\beta=b_1-a_1$

水平角角值范围 0°～360°，均为正值。

由上述可知，用于测量水平角的仪器必须具备以下条件：

(1)能将刻度盘置于水平的水准器，其度盘中心安置在角顶点的铅垂线上的对中装置。

(2)应有能读取水平度盘读数的读数装置。

(3)能在铅垂面内转动，并能绕铅垂线水平转动的照准设备望远镜。

(二)对中、整平

将三脚架打开，使其高度适当，架头大致水平，并使架头大致位于点标志的竖直方向，踩紧三脚架，将仪器固连在三脚架上。调整光学对点器目镜，使对点器中的对中标识清晰(十字丝或小圆圈)，再调整光学对点器物镜，使地面成像清晰。调整脚螺旋，使对中标志与地面点标志重合。利用三脚架三个架腿的伸缩使圆水准器气泡居中，再用脚螺旋精平仪器(转动照准部，使水准管平行于任意一对脚螺旋，同时相对旋转这两个脚螺旋，使水准管气泡居中；将照准部绕竖轴转动 90°，再转动第三只脚螺旋，使气泡居中)。从光学对点器中观察，检查对中标志是否仍与地面点标志重合，如有小的偏离，稍松连接螺旋，在架头上平移仪器，使两标志重合，再用脚螺旋精平仪器。然后再检查对中，如此反复，直至对中、整平都符合要求。

(三)瞄准

用望远镜上的照门和准星瞄准目标，使目标位于视场内，旋紧望远镜和照准部的制动螺旋；转动望远镜的目标螺旋，使十字丝清晰；转动物镜调焦螺旋，使目标影像清晰；转动望远镜和照准部的微动螺旋，使目标被十字丝的纵丝单丝平分，或被双根纵丝夹在中央。

(四)度盘配置

设共测 n 个测回，则第 i 个测回的度盘位置为略大于$(i-1)\times180°/n$。

如果需要对一个水平角测量 n 个测回，则在每测回盘左位置瞄准第一个目标 A 时，都需要配置度盘。每个测回度盘读数需变化$\frac{180°}{n}$(n 为测回数)。(如：要对一个水平角测量 3 个测回，则每个测回度盘读数需变化$\frac{180°}{3}=60°$，则 3 个测回盘左位置瞄准左边第一个目标 A 时，配置度盘的读数分别为 0°、60°、120°，或略大于这些读数)

采用复测结构的经纬仪在配置度盘时，可先转动照准部，在读数显微镜中观测读数变化，当需配置的水平度盘读数确定后，扳下复测扳手，在瞄准起始目标后，扳上复测扳手即可。

(五)一测回观测

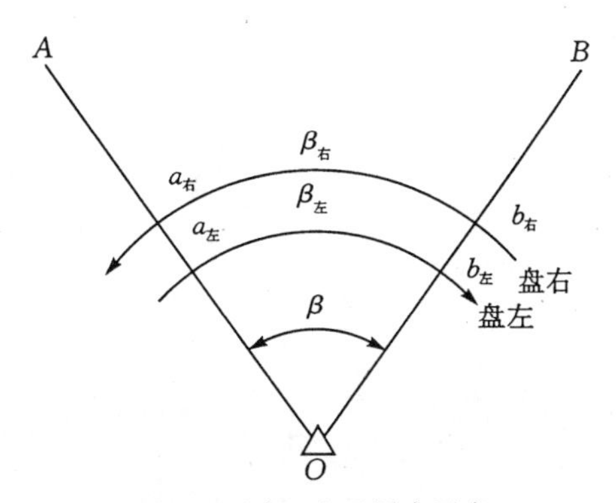

图 2-8　测回法观测水平角

设 O 为测站点，A、B 为观测目标，$\angle AOB$ 为观测角，如图 2-8 所示。先在 O 点安置仪器，进行整平、对中，然后按以下步骤进行观测：

盘左：使望远镜位于盘左位置(即观测员用望远镜瞄准目标时，竖盘在望远镜的左边，也称正镜位置)，瞄准左边第一个目标 A，即瞄准 A 点垂线，用光学经纬仪的度盘变换手轮将水平度盘读数拨到 0°或略大于 0°的位置上，读数并做好记录 a_1(读数时，调节反光镜的位置，使读数窗亮度适当；旋转读数显微镜的目镜调焦螺旋，使度盘及分微尺的刻划清晰；读取度盘刻划线位于分微尺所注记的度数，从分微尺上该刻划线所在位置的分数估读至 0.1′)。顺时针方向转动照准部，瞄准右目标 B，进行读数记 b_1；计算上半测回角值 $\beta_{左}=b_1-a_1$。

盘右：将望远镜盘左位置换为盘右位置(即观测员用望远镜瞄准目标时，竖盘在望远镜的右边，也称倒镜位置)，先瞄准右边第二个目标 B，读取水平度盘读数，进行读数记 b_2；逆时针方向转动照准部，瞄准左目标 A，进行读数记 a_2；计算下半测回角值 $\beta_{右}=b_2-a_2$。

检查上、下半测回角值互差是否超限。若限差≤40″，则满足要求，计算一测回角值 $\beta=(\beta_{左}+\beta_{右})/2$。

六、思考题

1. 测量水平角时，为什么要配置度盘？
2. 一测回中，度盘动了应如何处理？

七、实验报告

每位同学均要独立观测一个测回并填写实验报告，实验结束后提交。

八、注意事项

1. 瞄准目标时，尽可能瞄准其底部，以减少目标倾斜引起的误差。
2. 同一测回观测时，切勿转动度盘变换手轮，以免发生错误。
3. 观测过程中若发现气泡偏移超过一格，应重新整平重测该测回。
4. 计算半测回角值时，当左目标读数 a 大于右目标读数 b 时，则应加 360°。
5. 限差要求为：对中误差小于 3 mm；上、下半测回角值互差不超过±36″，超限重测该测回；各测回角值互差不超过±24″，超限重测该测站；实验的同时必须认真填写实验数据并计算。
6. 仪器迁站时，必须先关机，然后装箱搬运，严禁装在三脚架上迁站。
7. 使用中，若发现仪器功能异常，不可擅自拆卸仪器，应及时报告实验指导教师或实验室工作人员。

实验五　全圆测回法观测水平角

实验学时：2 学时　　　实验类型：综合　　　实验要求：选修

一、实验目的

1. 掌握全圆测回法观测水平角的操作顺序及记录、计算方法。
2. 弄清归零、归零差、归零方向值、$2c$ 变化值的概念以及各项限差的规定。

二、实验内容

要求 4 人为一实验小组，每人观测一个测回，并完成相应的记录与计算。

三、实验要求

4 人一组；用全圆测回法测量水平角。

四、实验条件

经纬仪一台，花杆三根，测钎三根，记录板一个。

五、实验步骤

(一)讲解实验原理

测回法是对两个方向的单角观测。如要观测三个以上的方向，则采用全圆测回法(又称方向观测法)进行观测。全圆测回法应首先选择一起始方向作为零方向。如图 2-9 所示，设 A 方向为零方向。要求零方向应选择距离适中、通视良好、呈像清晰稳定、俯仰角和折光影响较小的方向。

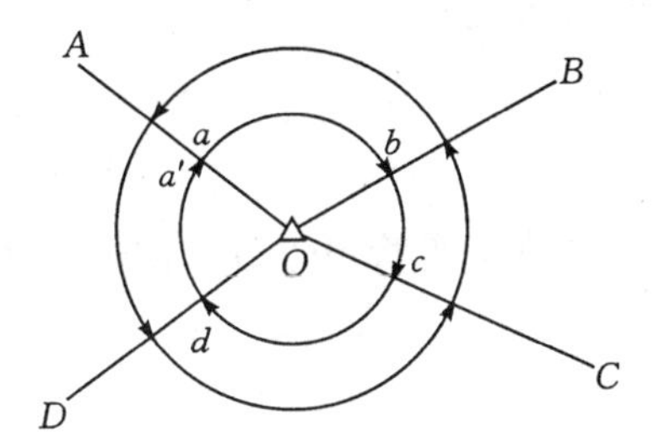

图 2-9　全圆测回法测量水平角

(二)安置仪器

在指定的地面点 O 安置仪器。在测站周围确定 3 个以上目标；按实验四的方法对中、整平并进行度盘配置。

(三)盘左观测

1. 用盘左位置瞄准第一个目标 A，转动换像手轮，使读数窗内显示水平度盘影像，旋转读数显微镜的目镜调焦螺旋使水平度盘及测微尺的刻划线清晰，再调节水平度盘反光镜使窗口亮度适当，转动水平度盘读数变换轮及测微轮，将水平度盘读数配置到略大于 0°的位置上，精确瞄准目标 A，读取 A 目标水平方向值 a 左，做好记录。

2. 按顺时针方向，依此瞄准 $B \rightarrow C \rightarrow D \rightarrow A$ 分别读取读数，即各目标水平方向值 b 左、c 左、d 左、a'左)，做好记录。

3. 由 A 方向盘左两个读数之差 a 左$-a'$左(称为上半测回归零差)计算盘左上半测回归零差，如果归零差满足限差≤12″的要求，则求出 a 左与 a'左两个读数的平均值 $\bar{a}$ 左，记在记录表格中，写在 a 左的顶部。

(四)盘右观测

倒转望远镜盘左位置换为盘右位置，瞄准第一个目标 A 读数 a 右，并记录，按逆时针方向，依此瞄准第四个目标 $D \rightarrow$第三个目标 $C \rightarrow$第二个目标 $B \rightarrow$第一个目标 A，分别读取读数，即各目标水平方向值 d 右、c 右、b 右、a'右，在记录表格中，由下往上记录。由 A 方向盘右两个读数之差 a 右$-a'$右计算下半测回归零差，如果归零差满足限差≤12″的要求，则求出两个读数 a 右与 a'右的平均值 $\bar{a}$ 右，记在 a'右的顶部。

(五)计算

同一方向两倍视准误差 $2c$(两倍视准轴误差)＝盘左读数－(盘右读数±180°)，$2c$ 应满足限差≤18″的要求，否则应重新测量。各方向的平均读数＝[盘左读数＋(盘右读数±180°)]/2；归零后的方向值。用各目标方向的平均值减去归零方向的平均值 $\bar{a}$，可求出各目标归零后的水平方向值，则第一测回观测结束。如果需要进行多测回观测，各测回操作的方法、步骤相同，只是每测回盘左位置瞄准第一个目标 A 时，都需要配置度盘。每个测回度盘读数需变化 $180°/n$(n 为测回数)。

(六)校核

测完各测回后，应对同一目标各测回的方向值进行比较，如果满足限差≤12″的要求，取平均求出各测回方向值的平均值。

六、思考题

全圆测回法观测水平角应用在什么情况?

七、实验报告

每位同学均要独立观测一个测回并填写实验报告五，实验结束后按小组装订成册提交。

八、注意事项和说明

1. 应选择远近适中、易于瞄准的清晰目标作为起始方向。如果方向数只有三个，可以不归零。
2. 使用光学对中器进行对中，对中误差应小于 2 mm，整平应仔细。
3. 可以选择远近适中、易于瞄准的清晰目标作为第一个目标。
4. 每人独立完成一个测回的观测，测回间应变换水平度盘的位置。
5. 限差规定为：半测回归零差±18″，同一方向值各测回互差±24″。超限应重测。
6. 应随时观测，随时记录，随时检核。
7. 实验的同时必须认真填写实验数据并计算。
8. 观测过程中，若发现气泡偏移超过一格时，应重新整平仪器并重新观测该测回。
9. 各项误差指标超限时，必须重新观测。

10. 水平角方向观测法有关技术指标的限差规定如表 2-1 所示。

表 2-1　水平角全圆测回法作业限差

仪器	半测回归零差/(″)	一测回内 $2c$ 互差/(″)	同一方向值各测回互差/(″)
DJ_3	12	18	12
DJ_6	18		24

$2c$＝盘左读数－(盘右读数±180°)。

平均读数＝[盘左读数＋(盘右读数±180°)]/2。

实验六 竖直角测量

实验学时：2 学时　　实验类型：综合　　实验要求：必修

一、实验目的

1. 了解光学经纬仪竖盘构造、竖盘注记形式；弄清竖盘、竖盘指标与竖盘指标水准管之间的关系。

2. 掌握竖直角测量的操作顺序及记录、计算方法。

3. 弄清指标差的概念及限差的规定。

4. 能够正确判断出所使用经纬仪竖直角计算的公式。

二、实验内容

1. 完成竖直角和指标差测量、记录与计算。

2. 每 4 人一组，轮换操作，每人至少测 2 个点。

三、实验要求

4 人一组；每人完成 2 个(1 个仰角、1 个俯角)竖直角测量。

四、实验条件

1. DJ_6 型光学经纬仪一台、三脚架一个、测钎两根、记录板一块。

2. 自备铅笔、计算器。

五、实验步骤

(一)竖直角测量原理

1. 竖直角概念

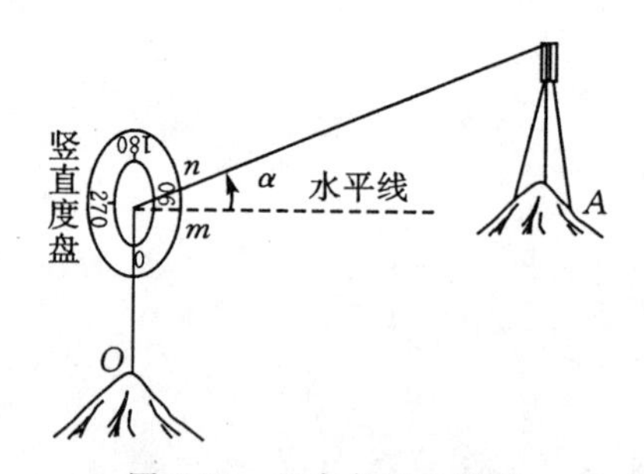

图 2-10　竖直角测量原理

在同一竖直面内视线和水平线之间的夹角称为竖直角或称垂直角。如图 2-10 所示，视线在水平线之上称为仰角，符号为正；视线在水平线之下称为俯角，符号为负。

2. 竖直角测量

如果在测站点 O 上安置一个带有竖直刻度盘的测角仪器，其竖盘中心通过水平视线，设照准目标点 A 时视线的读数为 n，水平视线的读数为 m，则竖直角 α 为：

$$\alpha = n - m$$

3. 竖直度盘的构造

竖直度盘是固定安装在望远镜旋转轴(横轴)的一端，其刻划中心与横轴的旋转中心重合，所以在望远镜作竖直方向旋转时，度盘也随之转动。分微尺的零分划线作为读数指标线相对于转动的竖盘是固定不动的。根据竖直角的测量原理，竖直角 α 是视线读数与水平线的读数之差，水平方向线的读数是固定数值，所以当竖盘转动在不同位置时，用读数指标读取视线读数，就可以计算出竖直角。

竖直度盘的刻划有全圆顺时针和全圆逆时针两种，如图 2-11 所示盘左位置，A 图为全圆逆时针方向注字，B 图为全圆顺时针方向注字。当视线水平时指标线所指的盘左读数为 90°，盘右为 270°，对于竖盘指标的要求是始终能够读出与竖盘刻划中心在同一铅垂线上的竖盘读数，为了满足这一个要求，早期的光学经纬仪多采用水准管竖盘结构，这种结构将读数指标与竖盘水准管固连在一起，转动竖盘水准管定平螺旋，使气泡居中，读数指标处于正确位置，可以读数。现代的仪器则采用自动补偿器竖盘结构，这种结构是借助一组棱镜的折射原理，自动使读数指标处于正确位置，也称为自动归零装置，整平和瞄准目标后，能立即读数，因此操作简便，读数准确，速度快。

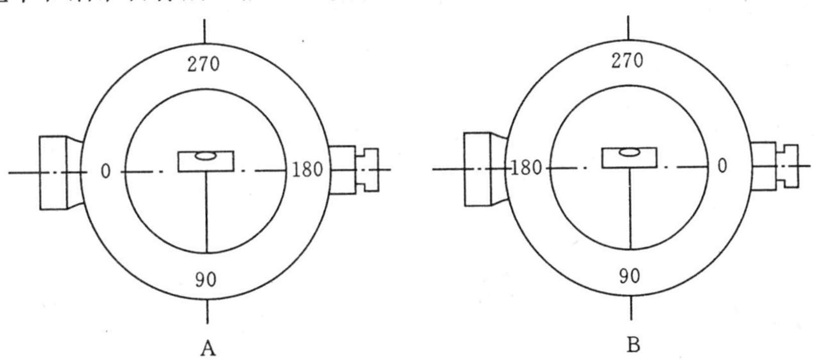

图 2-11　竖直度盘

(二)竖直角的观测

1. 领取仪器后，在各组给定的测站点上安置经纬仪，对中、整平，对照实物说出竖盘部分各部件的名称与作用。

2. 上下转动望远镜，观察竖盘读数的变化规律，确定出竖直角的推算公式，在记录表格备注栏内注明。选定远处较高建筑物，如：水塔、楼房上的避雷针、天线等作为目标。用望远镜盘左位置瞄准目标，用十字丝中丝切于目标顶端。转动竖盘指标水准管微倾螺旋，使竖盘指标水准管气泡居中(有竖盘指标自动归零补偿装置的光学经纬仪无此步骤)。读取竖盘读数 L，在记录表格中做好记录，并计算盘左上半测回竖直角 $\alpha_{左}$。

3. 计算竖盘指标差 X：

$$X=\frac{\alpha_{左}+\alpha_{右}}{2}\quad 或 \quad X=\frac{R+L-360^{\circ}}{2}$$

在满足限差($|x|\leqslant 25''$)要求的情况下，计算上、下半测回竖直角的平均值 $\alpha=\frac{\alpha_{左}+\alpha_{右}}{2}$ 或 $\alpha=\frac{R-L-180^{\circ}}{2}$，即一测回竖直角。

4. 同法进行第二测回的观测。检查各测回指标差互差(限差±25″)及竖直角的互差(限差±25″)是否满足要求，如在限差要求之内，则可计算同一目标各测回竖直角的平均值。

六、思考题

竖直角观测为什么不用配置度盘?

七、实验报告

每位同学均要独立观测一个测回并填写实验报告六，实验结束后按小组装订成册提交。

八、注意事项和说明

1. 光学经纬仪盘左位置，若望远镜上仰竖盘读数增大，则竖角计算公式为 $\alpha_{左}=L-90°$，$\alpha_{右}=270°-R$；反之，若望远镜上仰竖盘读数减小，则竖角计算公式为 $\alpha_{左}=90°-L$，$\alpha_{右}=R-270°$。

2. 指标差偏离的方向与竖盘注记方向一致时，取正号；反之，取负号。计算公式为 $X=\frac{\alpha_{左}+\alpha_{右}}{2}=\frac{R+L-360°}{2}$；一测回竖角计算公式为 $\alpha=\frac{\alpha_{左}+\alpha_{右}}{2}$。

3. 观测过程中，对同一目标应用十字丝中丝切准同一部位。

4. 当光学经纬仪指标差 $|x|\geqslant 25''$ 时，应对竖盘指标差进行校正。

实验七 视距测量

实验学时：2 学时　　实验类型：验证　　实验要求：必修

一、实验目的

1. 掌握视距测量的观测方法和需要观测的数据。
2. 学会用计算器进行视距计算。

二、实验内容

每人至少进行 2 个点的视距测量，并进行水平距离、高差及高程的计算。

三、实验要求

1. 选择视野开阔、半径小于 80 m 的一块区域，在中心区选一固定点作为测站。
2. 每 3 人一组，轮换操作，每人至少测 2 个点。

四、实验条件

经纬仪一台，视距尺一把，计算器一个，尺子一把。

五、实验步骤

(一)讲解视距测量原理

1. 视距测量是根据几何光学和三角学原理，利用仪器望远镜内视距装置及视距尺测定两点间的水平距离和高差的一种测量方法。视距测量的优点是操作方便、观测快捷，一般不受地形影响。其缺点是测量视距和高差的精度较低，测距相对误差约为 1/200～1/300。尽管视距测量的精度较低，但还是能满足测量地形图碎部点的要求，所以在测绘地形图时，常采用视距测量的方法测量距离和高差。

2. 视距测量计算公式

(1)视线水平时的视距测量原理与计算公式

欲测定 A、B 两点间的水平距离 D 及高差 h，可在 A 点安置经纬仪，B 点立视距尺，设望远镜视线水平，瞄准 B 点视距尺，此时视线与视距尺垂直。如图 2-12 所示。

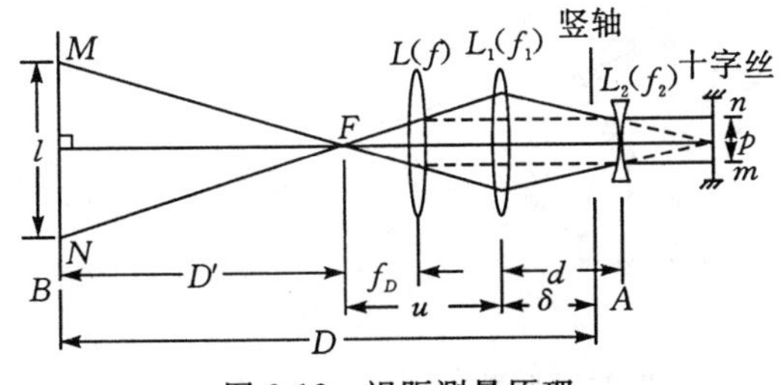

图 2-12　视距测量原理

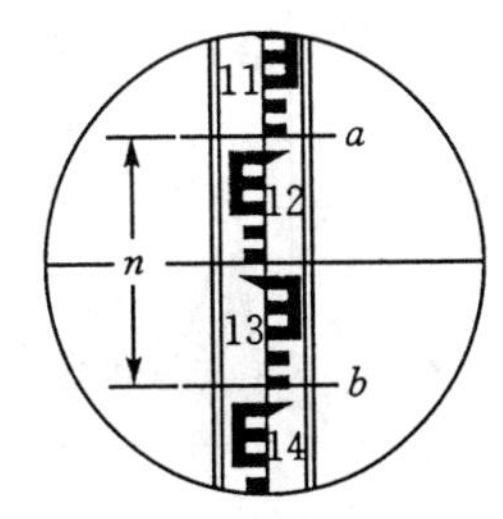

图 2-13　视距丝读数

视距读数如图 2-13 所示，读出上视距丝读数 a，下视距丝读数 b。上、下丝读数之差称为视距间隔或尺间隔，为 $l=a-b$。则水平距离计算公式为：

$$D=kl$$

式中 k 为视距常数，在仪器制造时常使 $k=100$。

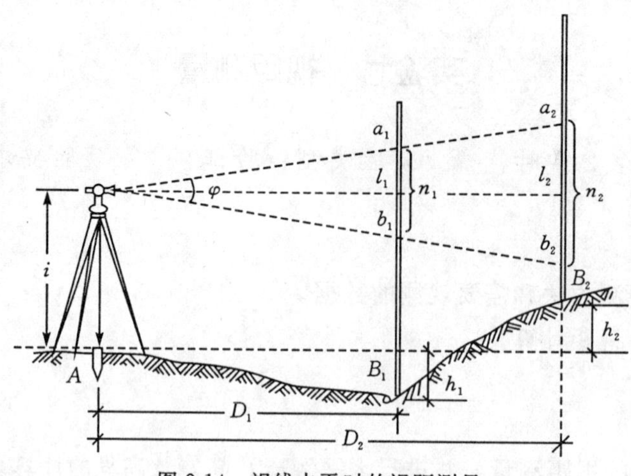

图 2-14　视线水平时的视距测量

由图 2-14 可知，量取仪器高 i，读取中丝读数 v，可以计算出两点间的高差：

$$h=i-v$$

(2)视线倾斜时的视距测量原理与计算公式

在地面起伏较大的地区进行视距测量时，必须使视线倾斜才能读取视距间隔。由于视线不垂直于视距尺，故不能直接应用上述公式。

设想将目标尺以中丝读数 l 这一点为中心，转动一个 α 角，使目标尺与视准轴垂直，如图 2-15 视线倾斜时的视距测量计算公式：

$$D=kl\cdot\cos^2\alpha$$

$$h=\frac{1}{2}kl\sin2\alpha+i-v$$

式中：k—视距常数

α—竖直角

i—仪器高

v—中丝读数即目标高

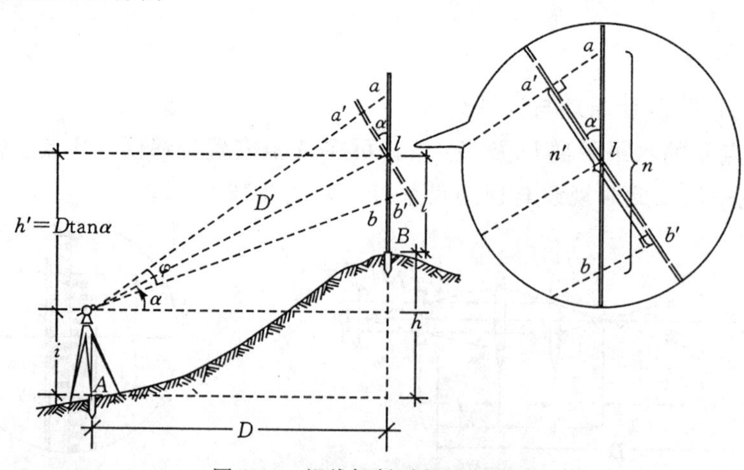

图 2-15　视线倾斜时的视距测量

(二)视距测量观测

施测时，安置仪器于 A 点，量出仪器高 i，转动照准部瞄准 B 点视距尺，分别读取上、下、中三丝的读数，计算视距间隔。再使竖盘指标水准管气泡居中(如为竖盘指标自动补偿装置的经纬仪则无此项操作)，读取竖盘读数，并计算竖直角。利用上述介绍视距计算公式计算出水平距离和高差。

六、思考题

视距测量采用的基本数学原理是什么？

七、实验报告

每位同学均要独立观测两个点并填写实验报告七，实验结束后按小组装订成册提交。

八、注意事项

1. 视距测量观测前，应对竖盘指标差进行检验校正，使指标差在60″以内。
2. 观测时视距尺应竖直，并保持稳定。
3. 读取竖盘读数前，必须使竖盘指标水准管气泡居中。
4. 量取仪器高时，一定注意要量取仪器横轴距地面点的铅垂距离。
5. 为减少垂直折光的影响，观测时应尽可能使视线离地面1 m以上。
6. 要严格测定视距常数 k，k 值应在 100 ± 0.1 之内，否则应加以改正。
7. 视距尺一般应是厘米刻划的整体尺，如果使用塔尺应注意检查各节尺的接头是否准确。
8. 要在成像稳定的情况下进行观测。

实验八　全站仪认识与使用

实验学时：2 学时　　　实验类型：验证　　　实验要求：必修

一、实验目的

认识全站仪主要操作部件及其作用，认识键盘按键功能。初步掌握全站仪的基本功能。

二、实验内容

1. 进入角度测量模式，测量水平角、竖直角。
2. 进入距离测量模式，测量水平距离、倾斜距离、高差。
3. 进入坐标测量模式，设置测站点坐标、定向方位角，测量未知点坐标。

三、实验要求

3～4 人一组；每人完成角度、距离、坐标测量。

四、实验条件

全站仪一台，脚架一个，棱镜两只，记录板一块。

五、实验步骤

(一)认识全站仪

1. 认识全站仪的构造、部件名称(如图 2-16、2-17 所示)

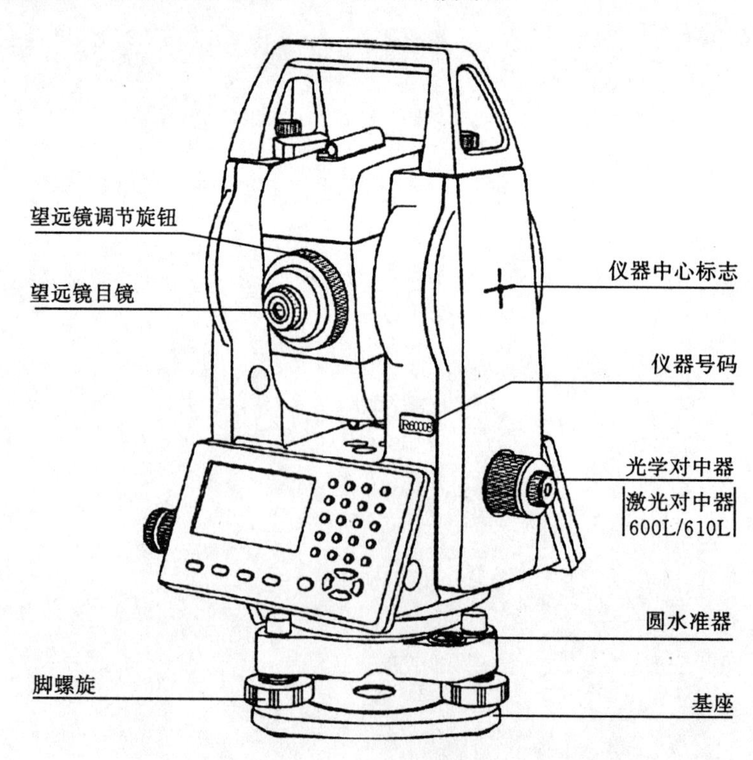

图 2-16　全站仪构造

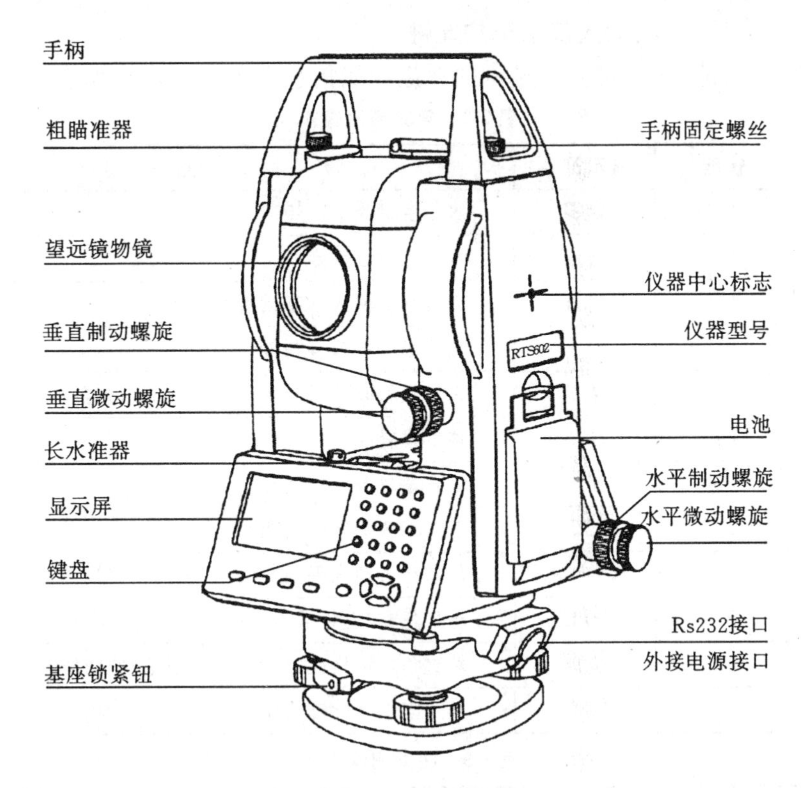

图 2-17 全站仪构造

全站仪，即全站型电子速测仪(Electronic Total Station)。是一种集光、机、电为一体的高技术测量仪器，是集水平角、垂直角、距离(斜距、平距)、高差测量功能于一体的测绘仪器系统。因其一次安置仪器就可完成该测站上全部测量工作，所以称之为全站仪。全站仪的基本构造主要包括：光学系统、光电测角系统、光电测距系统、微处理机、显示控制/键盘、数据/信息存储器、输入/输出接口、电子自动补偿系统、电源供电系统、机械控制系统等。

2. 熟悉全站仪的基本操作功能

(1)全站仪的基本测量功能是测量水平角、竖直角和斜距，借助机内固化软件，组成多种测量功能，如计算并显示平距、高差以及镜站点的三维坐标，进行偏心测量、对边测量、悬高测量和面积测量计算等功能。

(2)认识全站仪主要操作部件：粗瞄准器、望远镜调焦螺旋、望远镜把手、目镜、垂直制动螺旋、垂直微动螺旋、管水准器、显示屏、电池锁紧杆、机载电池、仪器中心标志、水平微动螺旋、水平制动螺旋、外接电源接口、串口信号接口。

①(POWER)电源键——电源开关。

②(★)星键——星键模式用于如下项目的设置或显示：a. 显示屏对比度；b. 十字丝照明；c. 背景光；d. 倾斜改正；e. 定线点指示器(仅适用于有定线点指示器类型)；f. 设置音响模式。

③(坐标图标)坐标测量键——坐标测量模式。

④(⊿)距离测量键——距离测量模式。

⑤(ANG)角度测量键——角度测量模式。

⑥(MENU)菜单键——在菜单模式和正常模式之间切换，在菜单模式下可设置应用测量与照明调节，仪器系统误差改正。

⑦(ESC)退出键——退出键有以下功能：a. 返回测量模式或上一层模式；b. 从正常测量模式直接进入数据采集模式或放样模式；c. 可作为正常测量模式下的记录键。

⑧(ENT)确认键入键——在输入值末尾按此键。

⑨F1—F4 软键(功能键)——对应于显示的软键功能信息。各测量模式见表 2-2、2-3、2-4。

表 2-2 角度测量模式

页数	软键	显示符号	功能
1	F1	置零	水平度盘为 0°00′00″
	F2	锁定	水平角读数锁定
	F3	置盘	通过键盘输入数字设置水平角
	F4	P1↓	显示第 2 页软键功能
2	F1	倾斜	设置倾斜改正开或关，若选择开，则显示倾斜改正值
	F2	复测	角度重复测量模式
	F3	V%	垂直角百分比坡度显示
	F4	P2↓	显示第 3 页软键功能
3	F1	H一蜂鸣	仪器每转动水平角 90°是否要发出蜂鸣声的设置
	F2	R/L	水平角右/左计数方向的转换
	F3	竖盘	垂直角显示格式(高度角/天顶距)的切换
	F4	P3↓	显示第 1 页软键功能

表 2-3 距离测量模式

页数	软键	显示符号	功能
1	F1	测量	启动测量
	F2	模式	设置测距模式精测/粗侧/跟踪
	F3	S/A	设置音响模式
	F4	P1↓	显示第 2 页软键功能
2	F1	偏心	偏心测量模式
	F2	放样	放样测量模式
	F3	M/f/i	米、英尺或者英尺、英寸单位的变换
	F4	P2↓	显示第 1 页软键功能

表 2-4 坐标测量模式

页数	软键	显示符号	功能
1	F1	测量	开始测量
	F2	模式	设置测量模式精测/粗测/跟踪
	F3	S/A	设置音响模式
	F4	P1↓	显示第 2 页软键功能
2	F1	镜高	输入棱镜高
	F2	仪高	输入仪器高
	F3	测站	输入测站点坐标
3	F1	偏心	偏心测量模式
	F2	M/f/i	米、英尺或者英尺、英寸单位的变换
	F3	P3↓	显示第 3 页软键功能

（二）全站仪安置练习

1. 全站仪的安置

(1)在地面打一木桩，在桩顶钉一小钉或划十字作为测站点或在地面划一十字线，十字线的交点作为测站点。

(2)松开三脚架，安置于测站上，使高度适当，架头大致水平。打开仪器箱，双手握住仪器支架，将仪器取出，置于架头上。一手紧握支架，一手拧紧连接螺旋。

(3)对中、整平采用光学对中的五步法进行对中与整平，即粗中、精中(调脚螺旋)、粗平(调脚架)、精平(调脚螺旋)、再次精对中(平移仪器)。

2. 调焦与照准

(1)目镜调焦。

用望远镜观察一明亮的背景，将目镜顺时针旋到底，再逆时针方向慢慢旋转至十字丝成像最清晰。

(2)照准目标。

松开垂直和水平制动螺旋，用粗瞄准器瞄准目标使其进入视场锁紧制动螺旋。

(3)物镜调焦。

旋转望远镜调焦环至目标成像最清晰。用垂直和水平微动螺旋使十字丝精确照准目标。微动手轮的最终旋转方向都应是顺时针方向。

(4)再次调焦至无视差。

再次进行调焦，直至使目标成像与十字丝间不存在视差。

3. 开机

(1)确认仪器已经整平。

(2)打开电源开关(POWER)。

确认显示窗中显示有足够的电池电量，当电池电量显示不足或显示“电池用完”时应及时更换电池或对电池进行充电。

（三）全站仪使用练习

在一个测站上安置全站仪，选择两个目标点安置反光镜，练习水平角、竖直角、距离及三维坐标的测量，观测数据记入实验报告相应表中。

1. 水平角测量：在角度测量模式下，每人用测回法测两镜站间水平角 1 个测回，同组每人所测角值之差应满足相应的限差要求。

(1)按角度测量键，使全站仪处于角度测量模式，照准第一个目标 A。

(2)设置 A 方向的水平度盘读数为 0°00′00″。

(3)照准第二个目标 B，此时显示的水平度盘读数即为两方向间的水平夹角。

2. 竖直角测量：在角度测量模式下，每人观测 1 个目标的竖直角 1 测回，要求每人所测同一目标的竖直角角值之差应满足相应的限差要求。

(1)按角度测量键，使全站仪处于角度测量模式，照准第一个目标 A。

(2)设置 A 方向的竖直度盘读数为 0°00′00″。

(3)照准第二个目标 B，此时显示的竖直度盘读数即为两方向间的水平夹角。

3. 距离测量：在距离测量模式下，分别测量测站至两镜站的斜距、平距以及两镜站间距离。

(1)设置棱镜常数。

测距前须将棱镜常数输入仪器中，仪器会自动对所测距离进行改正。

(2)设置大气改正值或气温、气压值。

光在大气中的传播速度会随大气的温度和气压而变化，15℃和 760 mmHg 是仪器设置的一个标准值，此时的大气改正为 0 ppm。实测时，可输入温度和气压值，全站仪会自动计算大气改正值(也可直接输入大气改正值)，并对测距结果进行改正。

(3)量仪器高、棱镜高并输入全站仪。

(4)距离测量。

照准目标棱镜中心，按测距键，距离测量开始，测距完成时显示斜距、平距、高差。

4. 三维坐标的测量：在坐标测量模式下，选一个后视方向，固定仪器，输入后视方位角、测站坐标、测站高程和仪器高，转动仪器，测量两镜站坐标，分别输入反光镜高得各镜站高程。

(1)设定测站点的三维坐标。

(2)设定后视点的坐标或设定后视方向的水平度盘读数为其方位角。当设定后视点的坐标时，全站仪会自动计算后视方向的方位角，并设定后视方向的水平度盘读数为其方位角。

(3)设置棱镜常数。

(4)设置大气改正值或气温、气压值。

(5)量仪器高、棱镜高并输入全站仪。

(6)照准目标棱镜，按坐标测量键，全站仪开始测距并计算显示测点的三维坐标。

六、思考题

与经纬仪相比，全站仪的优点有哪些?

七、实验报告

每位同学均要独立观测并完成实验报告五中的表一，实验结束后按小组装订成册提交。

八、注意事项

1. 全站仪是目前结构复杂、价格较贵的先进仪器之一，在使用时必须严格遵守操作规程，注意爱护仪器。

2. 在阳光下使用全站仪测量时，一定要撑伞遮阳，严禁用望远镜对准太阳。

3. 仪器、反光镜站必须有人看守。观测时应尽量避免两侧和后面反射物所产生的信号干扰。

4. 开机后先检测信号，停测时随时关机。

5. 更换电池时，应先关掉电源开关。

实验九　全站仪控制测量

实验学时：2～4 学时　　　实验类型：设计　　　实验要求：选修

一、实验目的

学会利用全站仪进行导线坐标的连续测量。

二、实验内容

利用全站仪完成导线坐标的测量，并进行平差测量。

三、实验要求

3～4 人一组，每个小组必须测定出一条不少于 3 个点的闭合导线，起点坐标设为(1000，1000，20)。

四、实验条件

全站仪一台，棱镜一只，脚架一个，三脚架一个、钢卷尺(皮尺)一把、自备铅笔、计算纸张和计算器。

五、实验步骤

(一)踏勘选点

进行实地踏勘，选择合适的导线控制点的位置，建立标志。为了在 2 课时之内达到实习的目的，需选择一条三角形的闭合路线。在选择好的导线控制点 A 上架设仪器进行对中整平，在上一个导线控制点 D 上架设棱镜。

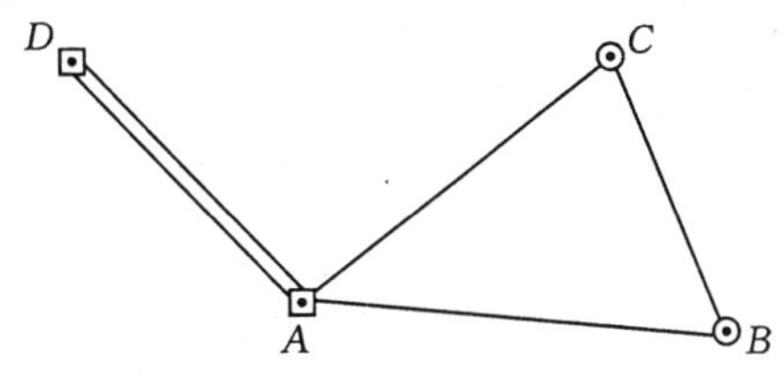

图 2-18　三角形闭合路线

(二)在 A 点安置仪器和观测

1. 安置全站仪

(1)先将脚架安放在测站上，使脚架顶部大致水平，脚架头中心大致对准测站中心；把仪器固定在脚架上，移动脚架的两个脚，使地面测站标志中心与对中器中心大致重合。

(2)通过升降脚架使圆水准气泡居中，松开仪器连接螺丝，移动仪器，使地面测站标志中心与对中器中心精确重合，拧紧连接螺丝。

(3)用仪器脚螺旋精确整平仪器。先将长水准管与两个脚螺旋平行，调整这两个脚螺旋使水泡居中；再使长水准管垂直于这两个脚螺旋的连线方向，调整第三个脚螺旋，使气泡居中。以上对中、整平过程可能要反复进行，直到精确对中，且旋转照准部在各个方向上，长水准管气泡都居中。

2. 初始化测站

(1)在操作键盘上选择坐标测量模式键，切换到坐标测量模式，按 F4 软键，进入第 2 页。

N		X	
E		Y	
Z		H	
镜高	仪高	测站	P2
F1	F2	F3	F4

(2)按 F3(测站)键，输入 N、E、Z，即测站点的 X、Y、H 坐标。

在坐标测量模式，按 F4 建，进入第 2 页。按 F2(仪高)键，用钢卷尺测出仪器高度并输入仪器高。

(3)在坐标测量模式，按 F4 软键，进入第 2 页。按 F1(镜高)键，输入棱镜高。

(4)在操作键盘上选择角度测量模式键，切换到角度测量模式，旋转仪器到所需的水平角(即测站点到定向点的方位角)。

V		93°24′18″	
HR		210°39′24″	
置零	锁定	置盘	P1
F1	F2	F3	F4

(5)按 F2(锁定)键，瞄准定向导线控制点。

(6)按 F3(置盘)键，完成水平角的设置。(也可输入定向点的坐标，并选择一种测量方法进行测量，这样后视方向角就被设置)

(7)瞄准下一个导线控制点，按坐标测量键，开始测量。

N		4158.325 m	
E		4598.689 m	
Z		55.3140 m	
测量	模式	S/A	P1
F1	F2	F3	F4

(8)显示测量结果，记录该坐标值。

(9)依次观测 *C* 点、*B* 点，输入各反光镜高，测量并记录其三维坐标及 *AB* 方位角。

(三)在 *B* 点观测

搬站至 *B* 点，以 *B* 为测站，以 *A* 为后视，观测 *C* 点，记录其三维坐标，注意各边高差应取对向观测高差的平均值，以消除大气差的影响。

(四)在 *C* 点观测

搬站至 *C* 点，以 *C* 为测站，以 *B* 为后视，观测 *A* 点，记录其三维坐标。

(五)计算和校核

计算坐标闭合差，评定导线精度。

六、思考题

1. 导线的类型有哪几种?
2. 对于水平角与距离，哪个要素对导线精度影响大?

七、实验报告

每位同学均要独立观测一个测站并完成实验报告九，实验结束后按小组提交。

八、注意事项

1. 导线计算时，闭合差是很好的检验指标。
2. 不得随意操作仪器或改变仪器参数，以免因误操作而发生错误。
3. 严禁将照准头对向太阳或其他强光物体，不能用手摸仪器或反光镜镜面。
4. 不得带电搬移仪器，远距离或困难地区应装箱搬移，并及时带走其他工具。

实验十　四等水准测量

实验学时：4 学时　　实验类型：设计　　实验要求：选修

一、实验目的

1. 掌握双面尺法进行水准测量的观测、记录、计算和校核方法。
2. 熟悉四等水准测量的主要技术指标、观测方法、掌握测站及水准路线的检核方法。

二、实验内容

进行一条闭合或附和水准路线测量，其路线一般安置 4～6 个测站。

三、实验要求

1. 4 人一组轮换观测。
2. 选定一条闭合或附合水准路线，其长度以安置 4～6 个测站为宜。
3. 有关技术指标的限差规定见表 2-5。

表 2-5

等级	视线高度(m)	视距长度(m)	前后视距差(m)	前后视距累计差(m)	黑红面读数差(mm)	黑红面高差之差(mm)	线路闭合差(mm)
四	＞0.3	≤75	≤3	≤10	≤3	≤5	$\pm 20\sqrt{L}$

四、实验条件

DS_3 型水准仪一台，双面水准仪一对，尺垫两个，记录板一块。

五、实验步骤

(一)拟定施测路线

在指导教师的指导下，选一已知水准点作为高程的起始点，记为 BM_1，选择一定长度(约 500 m)、一定高差的路线作为施测水准路线。一般设 6～8 站，一人观测、一人记录、两人立尺，施测 1～2 站后应轮换工种。

(二)四等水准测量观测程序和技术要求

1. 测站观测程序

(1)瞄准后视标尺黑面，精平，读取下丝、上丝、中丝读数。

(2)瞄准前视标尺黑面，精平，读取下丝、上丝、中丝读数。

(3)瞄准前视标尺红面，精平，读取中丝读数。

(4)瞄准后视标尺红面，精平，读取中丝读数。

这种观测程序简称为“后、前、前、后”。

2. 三、四等水准测量计算与技术要求

(1)后(前)视距＝后(前)视尺(下丝－上丝)/100

公式中：下(上)丝读数以米为单位，后(前)视距长度应≤80 m。

(2)后、前视距差＝后视距－前视距，视距差应≤5 m。

(3)视距累积差＝前站累积差＋本站视距差，视距累积差应≤10 m。

(4)前(后)视黑、红面读数差＝黑面读数＋标尺常数－红面读数，读数差应≤3 mm。

(5)黑(红)面高差＝后视黑(红)读数－前视黑(红)读数；

黑、红面高差之差＝黑面高差－[红面高差±0.1 m]，高差之差应≤5 mm。

(6)高差中数＝{黑面高差＋[红面高差±0.1 m]}/2。

(三)观测

1. 在已知水准点和第一个转点上分别立后视、前视水准尺，水准仪置于距两尺等距处。粗平后，按上述测站观测程序进行观测，并记入表格相应位置，进行测站计算与校核；各项指标均符合要求后方可迁站，否则，立即重测该站。

2. 仪器迁至第二站，第一站的前视尺不动变为第二站的后视尺，第一站的后视尺移到转点 2 上，变为第二站的前视尺，按与第一站相同的方法进行观测、记录、计算。

3. 按以上程序依选定的水准路线方向继续施测，直至回到起始水准点 BM_1 为止，完成最后一个测站的观测、记录、测站计算与校核。各站水准尺的移动与普通水准测量一样。

(四)计算和校核

计算高差闭合差及其允许值。当 $f_h=\sum_h$ 中 $\leq f_{h允}=\pm 6$ mm 或 ± 20 mm 时，成果合格，否则需查明原因，返工重测。

六、思考题

为什么水准观测要遵循严格的顺序？

七、实验报告

按小组填写一份实验报告十，实验结束后提交。

八、注意事项

1. 前后视距要在限差规定范围内。
2. 从后视转为前视望远镜不能调焦。
3. 水准尺应完全竖直，最好用有水准器的水准尺。
4. 每站观测结束应立即计算检核，如有超限则重测该测站。
5. 全路线施测计算完毕，各项检核已符合，路线闭合差也在限差之内，即可收测。

实验十一　GPS的认识及使用

实验学时：2学时　　　实验类型：验证　　　实验要求：必修

一、实验目的

1. 了解GPS接收机的构造及组成；初步掌握GPS接收机的操作方法。
2. 掌握GPS天线高量测方法。
3. 掌握GPS静态相对定位测量的方法。

二、实验内容

1. GPS接收机结构及组成。
2. GPS接收机操作方法。
3. GPS天线高量测方法。
4. 学习同步图形逐步扩展法，分组进行GPS静态相对定位测量。

三、实验要求

1. 分3组在3个控制点上安置GPS接收机。
2. 同时开启电源接收机开关进行观测。
3. 选择校园内空旷路面或广场。

四、实验条件

1. Trimble 5700接收机三台：GPS接收机天线单元、GPS接收机主机单元、天线电缆、天线基座连接器、天线基座。
2. 1号干电池12节。
3. 小卷尺、三脚架、对讲机。

五、实验步骤

(一)布网

根据布网目的、控制网的应用范围、卫星状况、预期应达到的精度、仪器设备情况和交通装备设施等综合考虑，进行GPS的网形设计。再根据具体地形情况，确定布网观测方案。

(二)选点与建标

选择地面基础稳定、易于保存、方便安置接收设备且视野开阔、交通方便、周围无强烈干扰卫星信号接收的物体的地方，并做好标记。

(三)外业实施

按照技术设计时所拟定的观测计划进行外业观测，用GPS接收机采集来自GPS卫星的电磁波信号。

1. 天线安置：将GPS接收机天线精确地安置到标志中心的铅垂线上，精确整平。

2. 天线安置后，应在观测时段的前后各量取天线高一次。要求两次量高之差应不大于3 mm，取均值作为最后天线高，并记录。

3. 观测：开机，捕获GPS卫星信号并对其进行跟踪、接受和处理，以获取所需的定位和观测数据。

4. 观测记录与测量手簿：观测记录由GPS接收机自动形成，并记录在存储介质上，其内容为GPS卫星星历及卫星钟差参数、伪距观测值、载波相位观测值、相应的GPS时间等。测量手簿由观测人员在观测过程中填写，不得测后补记。手簿内容包括测站信息(如测站点号、观测时段号、近似坐标、天线高等)、天气状况、气象元素、观测人员等。

(四)成果检核与数据处理

1. 外业观测工作完成后，一般当天即将观测数据下载到计算机中，解算GPS基线向量，基线向量的解算软件一般采用仪器厂家提供的软件。

2. 完成基线向量解算后，应对解算成果进行检核，常见的有同步环和异步环的检测。根据规范要求的精度，剔除误差大的数据，必要时还需要进行重测。

3. 进行了数据的检核后，即可将基线向量组网进行平差计算。最终得到各观测点在指定坐标系中的坐标。

4. 精度评定：对坐标值的精度进行评定。

六、思考题

GPS测量原理与传统测量有什么不同？它具有什么优点？

七、实验报告

每位同学均要填写实验报告十一，实验结束后将报告以小组为单位装订成册上交。

八、注意事项

1. 野外操作GPS接收机开机时要特别警惕，按下电源按钮时，接收机面板上几个LED灯一亮，应立即松手，否则，会导致接收机内以前存在的数据丢失。

2. 野外观测时，禁止使用手机。

3. GPS接收机上空应避免有遮蔽物。

4. 在选定GPS点位时，应保证视场内周围障碍物的高度角小于15°。

5. 点位应远离大功率无线电发射源(如电视台、微波站等)，其距离应大于400 m；远离高压输电线，其距离应大于200 m。

6. 点位附近不应有强烈干扰卫星信号接收的物体，并尽量避开大面积水域。

实验十二　碎部测量

实验学时：4 学时　　　实验类型：综合　　　实验要求：选修

一、实验目的

1. 掌握选择地形点的要领。
2. 掌握大比例尺地形图测绘方法。

二、实验内容

每组至少观测且绘制一个完整地物的特征点，并展绘在图纸上。根据实习条件，可选择全站仪或者经纬仪测图。

三、实验要求

1. 每 3 人一组，轮换操作。
2. 选择具有典型地物和地貌的地段作为实验场地。

四、实验条件

经纬仪一台，视距尺一根，花杆一根，皮尺一把，比例尺一支，量角器一个，小针一个，绘图板一块，绘图纸一张，绘图工具一套，计算器一个。

或全站仪一台，脚架一只，棱镜两个，对中杆两根，记录纸，记录笔。

五、实验步骤

(一)碎部测量原理讲解

测绘法碎部测量的实质是按极坐标定点进行测图，观测时先将经纬仪安置在测站上，绘图板安置于测站旁，用经纬仪测定碎部点的方向与已知方向之间的夹角、测站点至碎部点的距离和碎部点的高程，然后根据测定数据用量角器和比例尺把碎部点的位置展绘在图纸上，并在点的右侧注明其高程，再对照实地描绘地形。此法操作简单，灵活，适用于各类地区的地形图测绘经纬仪(或全站仪)碎部测量，如图 2-19 所示。

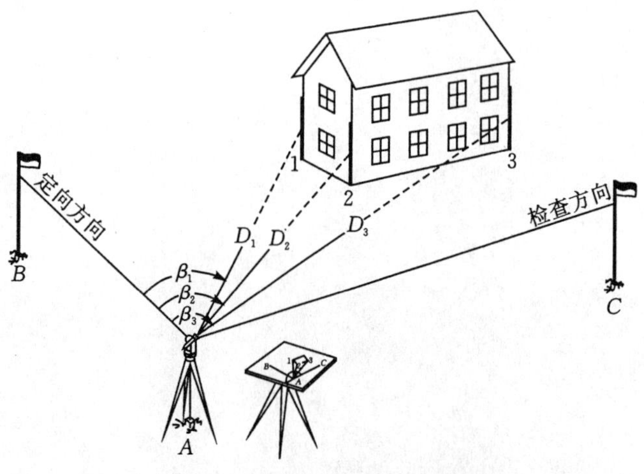

图 2-19　经纬仪测绘法碎部测量

（二）碎部点选择

为了正确地在图上描绘出地形，测绘时立尺点要选择能反映地物和地貌形态的特征点上，以便准确绘出地形的真实面貌。地物特征点是指构成地物平面轮廓线的变化点，即池塘、河流、道路曲折的转弯点、交叉点，建筑物平面轮廓的拐点等。地貌特征点是指山脊线、山谷线、山脚线的起点、终点、转弯点，地貌坡度变化点，如山顶最高点、山谷、垭口最低点及山坡倾斜变化点等。

为了能真实和详尽地用等高线表示地貌的形态，即使在坡度无显著变化的地方也应注意地形点的密度，同时也要保证碎部点的精度，因此立尺点至测站点的最大视距和地形点的密度要达到一定的要求。

（三）经纬仪碎部测量

1. 竖直角测量

(1)在指定的控制点 A 上架设经纬仪，完成对中、整平工作；在另一控制点 B 处竖立花杆。

(2)转动照准部及望远镜，盘左使十字丝中丝切准目标 B 点花杆顶端。

(3)调节竖盘指标水准管微动螺旋，使竖盘指标水准管气泡居中。

(4)读取竖盘读数 L 并记录。

(5)计算竖直角：$\alpha L=90°-L$（全圆顺时针刻划）

(6)盘右用中丝截准目标 B 点花杆顶端。

(7)调节竖盘指标水准管微动螺旋，使竖盘指标水准管气泡居中。

(8)读取竖盘读数 R 并记录。

(9)计算竖直角：$\alpha R=R-270°$（全圆顺时针刻划）

(10)计算竖直角平均值和指标差。

$$\alpha=\frac{1}{2}(\alpha L+\alpha R)；\ x=\frac{1}{2}(L+R-360°)$$

2. 碎部点测量（包含视距测量）

(1)测量前准备工作。

①经纬仪对中、整平，量取仪器高 i cm。

②用红布条在塔尺上标定目标高 v（为便于计算，目标高通常与仪器高相等）。

③瞄准控制点 B 方向进行定向，将水平度盘配置在 $0°00'00''$。

④掌握跑尺立点要领：规律跑尺，反映原貌，布点均匀，一点多用，扶稳立直，勾绘草图。

(2)测量及计算步骤。

①盘左位，将经纬仪十字丝纵丝瞄准位于立尺点的塔尺，用十字丝中丝截住红布条。

②读取上丝读数 l'、下丝读数 l''，计算上下丝之差（即尺间隔）$n=l'-l''$，则视距为 $kn(k=100)$，并记录。为了加快视距读数，也可以转动望远镜，使中丝在红布条上下附近移动，用上丝（或下丝）截住标尺整分米刻划，自上丝（或下丝）向下丝（或上丝）直接数出尺间隔 n，读取视距读数，如上下丝之差为 23.5 cm，则视距读数为 23.5 m。读出视距读数后，再将中丝准确地截住红布条。

③调节竖盘指标水准管微动螺旋，使竖盘指标水准管气泡居中。

④读取竖盘读数至分，并记录。读取水平度盘读数至分，并记录。

⑤计算竖直角：$\alpha=90°-(L-x)$

⑥计算水平距离：$D=kn\cos^2\alpha$（精确至分米）

⑦计算高差：$h'=Dtg\alpha$（精确至厘米）

⑧计算总高差：$h=h'+i-v$。如果测量时，十字丝中丝都截住红布条，即表示仪器高与目标高相等，因此$h=h'$。

(3)展绘碎部点。

①在图上根据控制点A、B的坐标，定出A、B两点的点位，在测站点A上插一绣花针，连A、B方向线，作为该测站的“0”方向线。

②将地形量角器中孔套入测站点绣花针。

③根据水平角读数，用地形量角器定出测点的方向。

④根据水平距离且依据地形图比例尺，在定出的方向上用铅笔确定测点的准确位置。

⑤字头朝北标注各测点高程，根据现场情况绘连地物。

⑥注意检查点位及高程有无错漏、测点密度是否均匀。

⑦现场勾绘等高线。

(4)地物、地貌的绘制。

①地物的绘制，在测图过程中主要是连接地物特征点，应随测随绘，防止连接发生错误。

②地貌的绘制，地貌主要用等高线表示，等高线的高程为整数，而所测碎部点的位置一般都不是整数高程，勾绘等高线时，应根据碎部点的高程，用内插法求出等高线通过的位置。

③内插法勾绘等高线的前提是两相邻碎部点间坡度是均匀一致的，因此等高线平距与高差成正比。

如A、C为已测定的两个碎部点，其高程分别为207.4 m和202.8 m，若等高距为1 m，在这两点中将通过高程为203 m、204 m、205 m、206 m、207 m五根等高线。首先计算首、尾203 m、207 m等高线与A、C两点的平距C m、A q。由图上量得AC两点的平距为66 mm。高程为203 m的等高线与C点的高差为203－202.8＝0.2 m，根据等高线高差与平距成正比的关系得：

$$C\ \mathrm{m}=\frac{AC}{\mathrm{h}_{AC}}\times\mathrm{h}_{C\,\mathrm{m}}$$

$$C\ \mathrm{m}=\frac{66\ \mathrm{mm}}{4.6\ \mathrm{m}}\times0.2\ \mathrm{m}=3\ \mathrm{mm}$$

同理得207 m的等高线与A点的高差为0.4 m，平距A q计算如下：

$$A\ \mathrm{q}=\frac{AC}{\mathrm{h}_{AC}}\times\mathrm{h}_{Aq}=\frac{66\ \mathrm{mm}}{4.6\ \mathrm{m}}\times0.4\ \mathrm{m}=6\ \mathrm{mm}$$

从A、C两点分别量取C m、A q平距得203 m和207 m两等高线所通过的位置。然后将203 m和207 m之间的平距等分为204 m、205 m、206 m。这一方法称为“取头定尾，中间等分”。用相同方法定出两个相邻地形点间的等高线位置，然后依次将相同高程的点用圆滑曲线连接，就构成等高线图。实际工作中用上述内插等高线计算繁琐，常采用目估法估算各等高线所通过的位置，目估法的基本原理仍然用“取头定尾，中间等分”方法。

(四)全站仪碎部测量

1. 草图法数字测图的流程：外业使用全站仪测量碎部点三维坐标的同时，领图员绘制碎部点构成的地物形状和类型并记录下碎部点点号(必须与全站仪自动记录的点号一致)。

内业将全站仪或电子手簿记录的碎部点三维坐标，通过CASS传输到计算机、转换成CASS坐标格式文件并展点，根据野外绘制的草图在CASS中绘制地物。(请参考本书第三部分讲解)

2. 全站仪野外数据采集步骤

(1)置仪：在控制点上安置全站仪，检查中心连接螺旋是否旋紧，对中、整平、量取仪器高、开机。

(2)创建文件：在全站仪Menu中，选择"数据采集"进入"选择一个文件"，输入一个文件名后确定，即完成文件创建工作，此时仪器将自动生成两个同名文件，一个用来保存采集到的测量数据，一个用来保存采集到的坐标数据。

(3)输入测站点：输入一个文件名，回车后即进入数据采集的输入数据窗口，按提示输入测站点点号及标识符、坐标、仪高，后视点点号及标识符、坐标、镜高，仪器瞄准后视点，进行定向。

(4)测量碎部点坐标：仪器定向后，即可进入"测量"状态，输入所测碎部点点号、编码、镜高后，精确瞄准竖立在碎部点上的反光镜，按"坐标"键，仪器即测量出棱镜点的坐标，并将测量结果保存到前面输入的坐标文件中，同时将碎部点点号自动加1返回测量状态。再输入编码、镜高，瞄准第2个碎部点上的反光镜，按"坐标"键，仪器又测量出第2个棱镜点的坐标，并将测量结果保存到前面的坐标文件中。按此方法，可以测量并保存其后所测碎部点的三维坐标。

3. 下传碎部点坐标：完成外业数据采集后，使用通讯电缆将全站仪与计算机的COM口连接好，启动通讯软件，设置好与全站仪一致的通讯参数后，执行下拉菜单"通讯/下传数据"命令；在全站仪上的内存管理菜单中，选择"数据传输"选项，并根据提示顺序选择"发送数据"、"坐标数据"和选择文件，然后在全站仪上选择确认发送，再在通讯软件上的提示对话框上单击"确定"，即可将采集到的碎部点坐标数据发送到通讯软件的文本区。

4. 格式转换：将保存的数据文件转换为成图软件(如CASS)格式的坐标文件格式。执行下拉菜单"数据/读全站仪数据"命令，在"全站仪内存数据转换"对话框中的"全站仪内存文件"文本框中，输入需要转换的数据文件名和路径，在"CASS坐标文件"文本框中输入转换后保存的数据文件名和路径。这两个数据文件名和路径均可以单击"选择文件"，在弹出的标准文件对话框中输入。单击"转换"，即完成数据文件格式转换。

5. 展绘碎部点、成图：执行下拉菜单"绘图处理/定显示区"确定绘图区域；执行下拉菜单"绘图处理/展野外测点点位"，即在绘图区得到展绘好的碎部点点位，结合野外绘制的草图绘制地物；再执行下拉菜单"绘图处理/展高程点"。经过对所测地形图进行屏幕显示，在人机交互方式下进行绘图处理、图形编辑、修改、整饰，最后形成数字地图的图形文件。通过自动绘图仪绘制地形图。

六、思考题

为什么先控制测量，再碎部测量?

七、实验报告

按小组填写一份实验报告十二并完成地形图测绘成果附图，实验结束后提交。

八、注意事项

(一)经纬仪碎部测量注意事项

1. 测图比例尺可根据专业需要自行选定。

2. 经纬仪观测过程中，每测 20 点左右要重新瞄准起始方向进行检查，若水平度盘读数变动超过 4′，则应检查所测碎部点数据。

3. 绘图过程中应保持图面整洁。碎部点高程的注记应在点位右侧 1.5 mm 左右，字头一律向北。

4. 读取竖盘读数时，必须转动竖盘指标水准器微动螺旋使竖直水准器居中，并根据竖盘构造形成计算竖直角 α。

(二)全站仪碎部测量注意事项

1. 控制点数据由指导教师统一提供。

2. 在作业前应做好准备工作，全站仪的电池、备用电池均应充足电。

3. 用电缆连接全站仪和计算机时，应选择与全站仪型号相匹配的电缆，小心稳妥地连接。

4. 采用数据编码时，数据编码要规范、合理。

5. 外业数据采集时，记录及草图绘制应清晰、信息齐全。不仅要记录观测值及测站的有关数据，同时还要记录编码、点号、连接点和连接线等信息，以方便绘图。

6. 数据处理前，要熟悉所采用软件的工作环境及基本操作要求。

第三部分 测量综合实习指导

目前，大比例数字测图技术在国内已经相当成熟，已作为主要的测图方法取代了传统的平板测图。数字地形图的广泛应用不仅适应了当今科技发展的需要，也适应了现代社会数字化管理的需要，具有广泛与重要的应用价值。因此，在测量与地图学课程的学习中，掌握数字测图技术不仅是对测量与地图学相关知识的综合检验，也是提高学生实际工作技能的一个重要途径。

经过此次完整的大比例尺数字测图实验，可提高学生对全站仪使用的熟练程度，了解大比例尺数字测图的全过程，学会图根控制测量的方法，较为熟练地掌握碎部点测量及地形图成图的基本技能。同时，该实验也是一次专业技能素质教育，通过实验的开展，能培养学生理论联系实际、分析问题与解决问题的能力以及实际动手能力，培养学生严格认真的科学态度、实事求是的工作作风、吃苦耐劳的劳动态度以及团结协作的集体观念，再者也使学生在业务组织能力和实际工作能力方面得到锻炼，为今后从事相关工作打下基础。

一、实习概述

(一)实习目的

1. 熟练掌握全站仪的使用，检验地图与测量理论知识的实际应用。
2. 了解数字测图的基本要求和成图过程。
3. 掌握小地区大比例尺数字测图方法和数字成图软件的使用。
4. 培养团队合作精神、吃苦耐劳的能力。

(二)实习任务及要求

1. 实习任务：以小组为单位测绘 1∶500 比例尺地形图，具体测区由实习指导教师指定。

2. 要求：具备地图与测量的基础知识，掌握测量的基本操作规范，能按要求在规定的学时内提交测区的现状地形图。要求地形图绘制准确、完整，图示、注记规范，测区控制点分布合理。

(三)实习计划和组织

1. 时间：在测量学理论课结束后，根据各专业培养方案集中安排 2 周时间。

2. 地点：本校校园或本专业野外实习基地。

3. 组织：由课程主讲教师全面负责，实验室专职教师协助，每班配备 1～2 名教师担任实习指导工作。每班分为若干个实习小组，每组 4～5 人，设组长 1 人。实行组长负责制，组长负责全组的实习分工和仪器管理。

(四)仪器工具和技术规范

1. 测量仪器：全站仪(包括电池、充电器)一台，棱镜觇牌两套(箱)，脚架三个，棱镜杆一根，

2 m钢卷尺一个，工具包一个，记录板一块。

2. 技术文件：《城市测量规范》CJJ8－99、《1∶500，1∶1000，1∶2000地形图图式》GB/T7929、教师根据测区编制的实习任务书。

3. 电脑一台(最好为笔记本)、数字测图软件一套、数据传输线一条。

4. 其他工具：各组应自备计算器一个，小伞一把。

5. 导线测量手簿、导线计算表、间接高程计算表及耗材(含铁锤、铁钉、毛笔、红油漆等)由指导教师造表统一领取。

(五)实习组织与纪律

1. 实习中，学生应遵守该书第一章中"测量仪器使用规则"、"测量记录及计算规则的有关规定。

2. 实习期间，各组组长应切实负责，合理安排小组工作。应使每一项工作都由小组成员轮流担任，使每人都有练习的机会，切不可单纯追求实习进度。

3. 实习中，应加强团结。小组内、各组之间、各班级之间都应团结协作，以保证实习任务的顺利完成。

4. 实习期间，要特别注意仪器的安全。各组要指定专人妥善保管。每天出工和收工都要按仪器清单清点仪器和工具数量，检查仪器和工具是否完好无损。发现问题要及时向指导教师报告。

5. 观测员将仪器安置在脚架上时，一定要拧紧连接螺旋和脚架制紧螺旋，并由记录员复查。否则，由此产生的仪器事故，由两人分担责任。在安置仪器时，特别是在对中、整平后和搬站前，一定要检查仪器与脚架的中心连接螺旋是否拧紧。观测员必须始终守护在仪器旁，注意过往行人、车辆，防止仪器摔倒。若发生仪器事故，要及时向指导教师报告，不得私自拆卸仪器，以免造成更大的损失。

6. 使用全站仪时，要防日晒、防雨淋、防碰撞震动，切不可将全站仪望远镜对准太阳，以免损坏光电元件。镜站必须有人看管，以保证棱镜的安全和正确的安置。

7. 在测站上，不得嬉戏打闹，不看与实习无关的书籍或报纸。未经指导教师同意，不得缺勤，不得私自外出。

8. 每天收工回到室内，应将观测数据从全站仪或电子手簿导入电脑，其他未自动记录的数据，必须手工记录在规定的手簿中，不得用其他纸张记录再行转抄。严禁擦拭、涂改数据，严禁伪造成果。在完成一项测量工作后，要及时计算、整理有关资料并妥善保管好记录手簿和计算成果。

9. 每天收工回到室内，要观察电池电量，及时充电。

(六)实习报告的编写及提交的资料

实习结束时，学生每人需提交一份实习报告，该报告书写形式由实习指导教师统一规定。实习报告内容如下：

1. 封面：实习名称、地点、班级、组号、姓名、学号、指导教师、起止日期。

2. 前言：简述本次实习的目的、任务及要求。

3. 实习内容：实习项目、测区概况、作业方法、技术要求、相关示意图(如导线略图)、实习成果及评价。

4. 实习总结：主要介绍实习中遇到的技术问题及处理方法，对实习的意见和建议，本人在实习中主要做了哪些工作及在实习中的收获。全文字数不得少于3000字。

另外，各小组还应提交如下资料：

1. 导线测量手簿、导线略图、导线计算表和间接高程计算表。

2. 控制点成果表。

3. 实习数据文件软盘一张(原始数据文件、碎步点成果文件、地形图图形文件)。

4. 打印的 1∶500 地形图一幅。

(七)实习考核方式和内容

实习考核方式主要依据实习期间的表现、操作技能、成果质量、实习报告等因素综合评定，具体内容为：

1. 实习期间的表现要包括：出勤率、实习态度、是否遵守学校及本次实习所规定的各项纪律、爱护仪器工具等情况。

2. 操作技能主要包括：理论知识的掌握程度、使用仪器的熟练程度、作业程序的规范要求等。

3. 成果质量主要包括：手簿和各种计算表格是否完好无损，书写是否工整清晰，手簿有无擦拭、涂改，数据计算是否正确，各项较差、闭合差是否在规定范围内；地形图上各类地形要素的精度及表示是否符合要求，文字说明注记是否规范等。

4. 实习报告主要包括：实习报告的编写格式和内容是否符合要求，编写水平、分析问题、解决问题的能力及有无独特见解。

5. 成绩考核的评定标准。

(1)优：考勤全勤；仪器操作熟练；小组测量速度快而精确；实习报告齐全、书写工整、内容充实、计算正确。

(2)良：考勤全勤；仪器操作熟练；小组测量速度较快较准确；实习报告齐全、无重大错误。

(3)中：考勤全勤；仪器操作熟练；小组测量较准确但速度稍慢；实习报告齐全，但计算有错误。

(4)合格：考勤全勤；仪器操作基本熟练；小组测量误差较大、速度较慢；实习报告齐全，但计算有错误。

(5)不合格：缺勤两次以上；仪器操作不熟练；小组测量误差大、速度慢；实习报告不全。

指导教师在评定每个学生的实习成绩时，对一些典型情况还应综合考虑，视情况严重程度给予处理。

6. 实习中不论何种原因，发生摔损仪器事故，其主要责任人的实习成绩降 1～2 档次，同组成员连带一定责任者应适当降低成绩。

7. 实习中凡违反实习纪律，缺勤天数超过实习天数的三分之一；实习中发生打架事件、私自离校回家、未交成果资料和实习报告等，成绩均记为零分。

指导教师在巡视中应注意了解、观察学生实习中的情况，必要时还可根据所带班级实习的整体情况，进行口试、笔试或仪器操作考核。考核内容由指导教师自行确定，考核成绩作为评定学生实习成绩的重要依据。

二、大比例数字测图原理与方法

计算机技术的迅猛发展及先进测量仪器和技术的广泛应用，促进了地形测量向自动化和数字化方向发展，数字化测图技术应运而生。数字测图与传统的图解法测图相比，以其特有的高自动化、全数字化、高精度的显著优势而具有无限广阔的发展前景。

(一)数字测图简介

1. 白纸(模拟)测图

传统的地形测量是利用测量仪器对地球表面局部区域内的各种地物、地貌特征点的空间位置进行测定，以一定的比例尺并按图示符号绘制在图纸上，这种测图方式即为通常所称的白纸测图。该方式的实质是图解法测图，也称模拟测图。传统白纸测图方式主要是手工作业，外业测量人工记录，人工绘制地形图，为用图人员提供蓝晒图纸，在图上人工量算所需要的坐标、尺寸和面积等，比例尺精度决定了图的最高精度。

2. 数字测图

数字测图是指利用全站仪或其他测量仪器对地物、地貌特征点的空间数据进行野外采集，然后将采集到的数据传输到计算机，由数字成图软件进行数据处理，经过编辑、图形处理，进而生成数字地形图的一种测图方式。数字测图使野外测量自动记录，自动解算处理，自动成图、绘图，向用图者提供可处理的数字地图。

3. 白纸(模拟)测图与数字测图的比较

与白纸测图相比，数字测图具有显而易见的优势和广阔的应用前景。

(1)数字测图自动化的效率高，劳动强度小，错误(读错、记错、展错)几率小，所绘地形图精确、美观、规范，原始测量数据的精度毫无损失，从而获得高精度(与仪器测量同精度)的测量成果。

(2)数字测图因其成果为电子地图，与纸质地图相比具有更高更广泛的应用价值，它可供 GIS(地理信息系统)建库使用。

(3)可依软件的性能，方便地进行各种处理(如分层处理)，从而可绘出各类专题图(如房屋图、道路图、水系图等)。

(4)可进行局部更新，如对改扩建的房屋建筑、变更了的地籍或房产等都可以方便地做到局部修测、局部更新，始终保持数字地图整体的现势性。

(5)利用数字地形图可生成数字地面模型(DTM)，而数字地形信息作为地理空间数据的基本信息之一，成为地理信息系统(GIS)的重要组成部分。

数字测图是地形测绘发展的必然趋势，它不仅适应当今科技发展的需要，也适应了现代社会科学管理的需要，如地籍测量、管网测量、房产测量等，既保证了高精度，又提供了数字化信息，可以满足建立各专业管理信息系统的需要。

大比例尺地面数字测图是 20 世纪 70 年代电子速测仪问世后发展起来的。目前，大比例数字测图技术在国内已经相当成熟，它已取代了传统的图解法测图，成为主要的成图方法。其发展过程大体上可分为两阶段。

第一阶段主要利用全站仪采集数据，电子手簿记录，同时人工绘制标注测点点号的草图，到室内将测量数据直接由记录器传输到计算机，再由人工按草图编辑图形文件，并输入计算机自动成图，经人机交互编辑修改，最终生成数字地形图，由绘图仪绘制地形图。

第二阶段开发了智能化的外业数据采集软件。计算机成图软件能直接对接收的地形信息数据进行处理。利用全站仪配合便携式计算机或掌上电脑，以及直接利用全站仪的大比例尺地面数字测图方法已得到广泛应用。GPS 数字测图系统能够实时提供测点在指定坐标系的三维坐标成果，在数字测图领域有着广阔的发展前景。

(二)数字测图技术系统组成

数字测图的基本成图过程，就是通过采集有关地物、地貌的各种信息并及时记录在数据终端(或直接传输给便携机)，然后在室内通过数据接口将采集的数据传输给电子计算机，并由计算机对数据进行处理而形成绘图数据文件，再由计算机控制绘图仪自动绘制所需的地形图，最后由磁盘、磁带等贮存介质保存电子地图的过程。实现这一过程，需要有一系列硬件和软件支撑。

1. 硬件

硬件由全站仪、全站仪数据记录器(电子手簿或掌上电脑)、计算机主机(便携机或台式机)、绘图仪、打印机、数字化仪及其他输入输出设备组成。全站仪测得的野外数据通过数据记录器(电子手簿或掌上电脑)输入计算机。功能较全的全站仪可以直接与计算机进行数据传送。计算机包括台式、便携式(笔记本式)PC机等，若是便携机(高性能掌上电脑)作电子平板，则可将其带到现场，直接与全站仪通信，记录数据，实时成图(如图3-1)。绘图仪和打印机是成图系统不可缺少的输出设备。数字化仪常用于现有地图的数字化工作，其他输入输出设备还有图像扫描仪等。计算机与外接输入输出设备的连接，可通过自身的串行接口、并行接口及计算机网络接口实现。

2. 软件

软件包含系统软件和应用软件。应用软件主要包括控制测量计算软件、数据采集和传输软件、数据处理软件、图形编辑软件、等高线自动绘制软件、绘图软件及信息应用软件等。这些应用软件是系统的关键，一个完整的数字测图系统软件，应具有数据采集、输入、数据处理、成图、图形编辑与修改及绘图等功能。处理后的结果可以列表方式、文件方式或以地形图方式输出，绘制出符合国家标准图式的地形图，同时能与GIS兼容。图3-1为当前测绘生产常用的数字测图软件功能结构图。

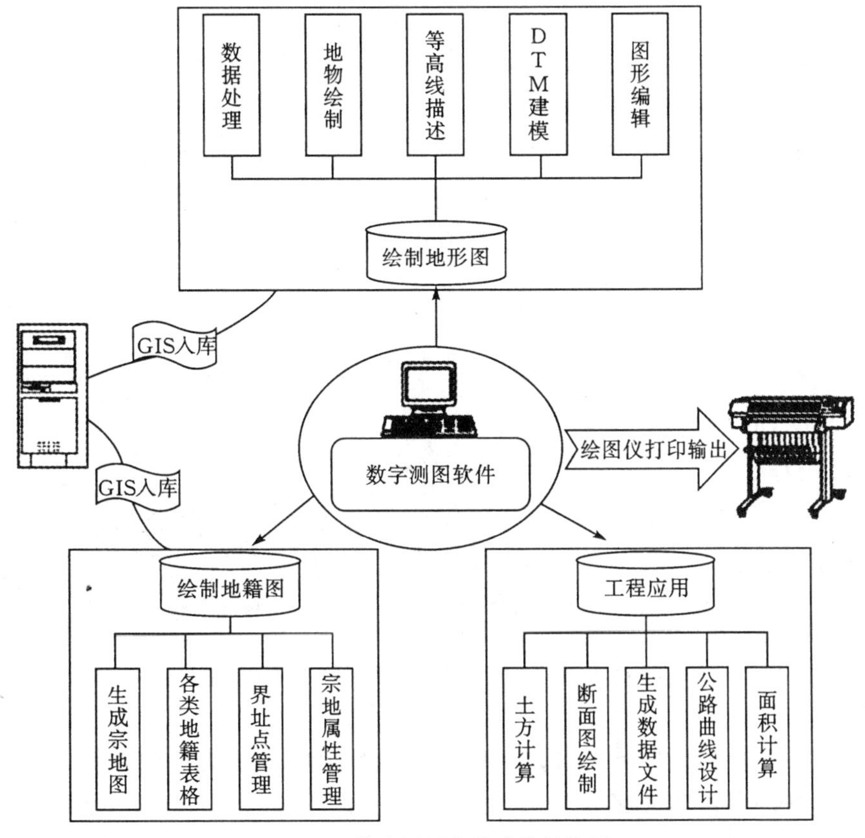

图3-1 数字测图软件功能结构图

(三)数字测图方法

广义上，数字测图按输入方法的不同可分为：原图数字化数字成图、航测数字成图、野外数字测图，综合采样(集)数字测图。本书所指的数字测图是相对传统的白纸测图而言的野外数字测图。由于测量仪器及相关电子产品的飞速发展，目前生产作业中广泛采用的野外数字测图按硬件配置主要有：带内存全站仪测图系统、全站仪配合电子手簿测图系统、笔记本电脑测图系统、掌上电脑测图系统等。其中，前两种测图系统外业以“测”为主，同时需要绘制相应的地形草图，把大量“绘”的工作转入室内进行，采用这种测图系统的工作方式通常被测绘业界称为“测记法”；后两种测图系统在外业中“测”与“绘”基本上同时进行，“测”与“绘”兼顾程度高，基本上实现了前些年测绘界提出的内外业一体化的生产理念，该方式也通常被测绘业界俗称为“电子平板法”。总体上看，二者在生产实际中的应用各有优缺点，宜根据设备条件与测区状况灵活选用。

1. 测记法

测记法使用全站仪采集碎部点数据，然后存储在全站仪的内存或电子手簿中，同时外业人员需勾绘出工作草图，在工作草图记录地形要素名称、碎部点连接关系，回到内业，然后用数字测图软件读取外业数据，进行预处理分类，把碎部点显示在计算机屏幕上，根据工作草图，采用人机交互方式连接碎部点，输入图形信息码和生成图形。

目前，广州南方测绘公司的CASS与广州开思公司的SCS等数字成图系统都支持这种方式，在硬件上也兼容南方、索佳、徕卡、拓普康、宾得、尼康等系列全站仪的内存数据格式，并可根据用户的全站仪内存数据格式添加接口。这种方式的优点是对外业工作人员没有新的要求，无需太多培训，只要能熟练操作全站仪就可以了，外业时间短，投资费用低，产生效益快。缺点也很明显，不能实现即测即绘，外业测量成果不直观，草图的绘制要确保清晰、易读、相对位置准确导致工作量较大，内业编辑时间长。

2. 电子平板法

电子平板法使用便携式电脑或掌上电脑配合全站仪进行外业数据采集，它将装有数字测图软件的便携式电脑或掌上电脑用数据传输线与全站仪连接，进行联机式测量。其具有图形直观、准确性强、操作简单、现测现绘等特点(如图 3-2 所示)。该方法避免了白天外业绘草图晚上内业重新画的烦恼，大大减轻了内业工作量，提高了工作效率，但主要缺点是外业时间较长，对硬件与作业员专业素质要求相应提高，投资费用高。

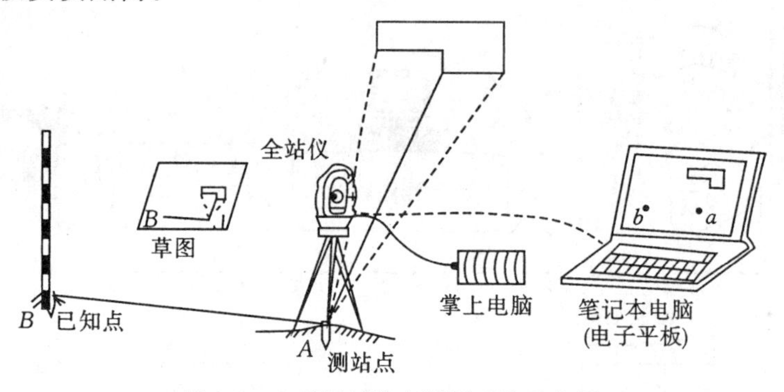

图 3-2 电子平板数字测图系统示意图

3. 二者比较

为深入理解以上两种方式的差异，可以从信息构成的角度来分析。数字测图软件要完整地绘制出实地地形，必须具备地形点的完整信息，具体来说包括三类信息：(1)碎部点的三维坐标(点号)，用来标明“在哪里”；(2)碎部点的属性或特征信息(地形编码)，用来表明“是什么”；(3)碎部点的连接关系(相邻碎部点是否连接构成某个地物、如何连接、连接线的形态是直线或曲线还是其他类型)，用来表明“什么样”。

在测记法中，由于硬件设备的限制，野外难以编辑与显示图形，记录的主要为上述的第(1)类信息，即碎部点的三维坐标与点号，而第(2)、(3)类信息依靠实地草图予以记录，回到室内后再在电脑平面上依此编辑成图。相比而言，使用电子平板，可以在现场对照地形直接把上面的第(2)、(3)类信息在计算机屏幕上直观地完成，实现即测即绘。

在测记法中，为尽可能减少外业草图工作量，熟练的测站观测人员往往辅助采用地物简码(有些软件也称野外操作码)的工作方式，俗称“简码法”。简码用来描述碎部点的第(2)、(3)类信息，由描述碎部点对应实体属性的地物码和一些描述连接关系的连接码组成。如房屋类对应的简码为：F＋数(0－坚固房，1－普通房，2－一般房屋，3－建筑中房，4－破坏房，5－棚房，6－简单房)；独立地物中的上水检修井的简码为 A24，下水雨水检修井的简码为 A25。又如，K0 表示直折线型的陡坎，U0 表示曲线型的陡坎，W1 表示围墙，T0 表示标准铁路，Y012.5 表示该点为圆心半径为 12.5 m 的圆。描述连接关系的连接码定义如表 3-1 所示：

表 3-1　描述连接关系的连接码的含义

符号	含义
＋	本点与上一点相连，连线依测点顺序进行
－	本点与下一点相连，连线依测点顺序相反方向进行
n＋	本点与上 n 点相连，连线依测点顺序进行
n－	本点与下 n 点相连，连线依测点顺序相反方向进行
p	本点与上一点所在地物平行
…	…

图 3-3 为某一测站所测碎部点所赋予的简码，点号表示测点顺序，括号中为该测点的编码。例如，10 号点简码为 F2，表示它为一般房屋，11 号点简码为＋，表示它直接与上一个点相连，属性当然也是一般房屋，其他都如此类推。

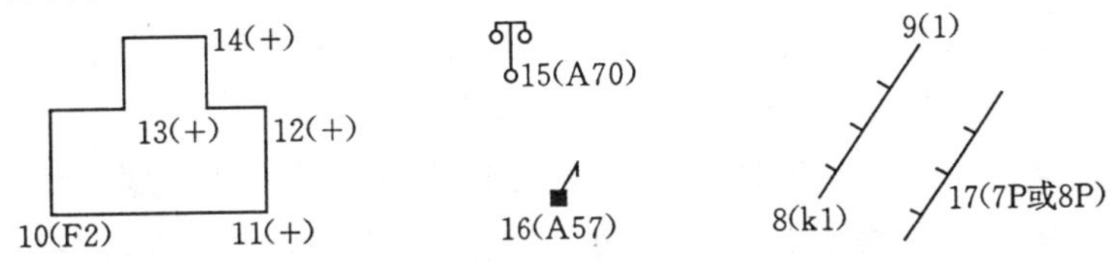

图 3-3　电子平板数字测图系统示意图

许多数字测图软件都提供一个开放式的用户简码定义表，以方便实际使用，如 CASS 2008 专门有一个野外操作码定义文件 jcode. def 用来描述简码与 CASS 2008 内部编码的对应关系的，用户可编辑此文件使之符合自己的要求。

在多个生产项目中，当地物比较规整时，采用简码法作业方式，在现场输入简码，然后室内自动成图，简码法是测记法的一个很好的辅助，能显著提高生产效率，节约人力成本。但当地物比较杂乱时，简码法难以发挥其作用，主要采用“草图法”方式，现场绘制草图，室内用编码引导文件或用测点点号定位方法进行成图。

三、大比例数字测图实习过程

大比例数字测图实习主要步骤有：踏勘选点、图根控制测量、碎部测量、内业编图、地形图输出、野外质量检查等。

(一)踏勘选点

首先收集测区已有地形图，了解已有测量控制点情况，熟悉测区施测条件。根据测区范围和测图要求确定布网方案进行选点。在确定总体布网方案后，可根据测区自然地形合理划分各小组测绘区域。为避免小组间重复测绘，数字测图往往以路、河、山脊等为界线，以自然地块进行分块测绘。由于采用光电测距，测站点到地物、地形点的距离即使在500 m以内也能保证测量精度，故对图根点的密度要求与传统白纸测图相比已不很严格，视测区的地形情况而定，一般以在400 m以内能测到碎部点为原则。通视条件好的地方，图根点可稀疏些；地物密集、通视困难的地方，图根点可密些（相对白纸测图时的密度）。等级控制点尽量选在制高点。图根控制点布设形式最常用的是导线，在高级点间布设附合导线或闭合导线，一般不超过两次附合，相邻两点距离平均为80 m。在特别困难地段需要布设成支导线时，支导线不多于四条边，长度不超过450 m，最大边长不超过160 m。

当测区内没有高级控制点时，应与测区外已知点连测，或假定一点坐标及一边的坐标方位角作为起算数据。图根控制点选点应遵循的原则：

1. 方便仪器安置且通视良好，利于导线测角和测距。

2. 周围无遮挡、视野开阔便于施测碎部点。

3. 考虑仪器与人的安全问题，避免选在道路中央。

选定点后，应立即打桩并在桩顶钉一小钉或用油漆在地面上画“⊕”作为标记并编号。

（二）图根控制测量

图根控制测量包括图根平面控制测量和高程控制测量。利用常规测量仪器，这两项工作往往分开进行。在数字测图中，由于全站仪可以同时测角测距，且精度很高，因而在较小测区范围内，可以将以上工作合二为一，直接利用全站仪进行平面控制测量和高程控制测量。具体方式有两种：一种是应用全站仪的测角测距功能，在同一测站上完成水平角的观测与三角高程测量，并按传统测量方式记录观测成果，回到室内进行坐标高程计算；另一种方式是直接应用全站仪的坐标测量功能，一次完成控制点的三维坐标测量及其导线平常，进而得到各控制点三维坐标。

1. 直接应用全站仪的坐标测量功能主要实现过程为：在某导线点上安置全站仪，在全站仪坐标测量模式下，设置测站点坐标→输入仪器高→输入棱镜高→照准后视觉点后输入后视点坐标或设置起始边方位角→坐标测量。仪器搬至下一站，重复以上步骤，全部导线点观测完毕后，再应用全站仪导线平差计算功能，就得到了各导线点的三维坐标。由于各全站仪操作过程有所差异，以上详细操作过程，可参见其各自的使用说明书。

2. 为便于学生巩固测量基础知识，强化导线计算技能，实习过程中多采用全站仪的测角测距功能完成图根控制测量，具体操作过程为：

(1)安置全站仪

按导线布置图形与方向，依次在导线点上安置全站仪，在前视后视导线点上用三脚架安置棱镜。用钢卷尺测量仪器高与前视后视各自的棱镜高，并记录下来，如图3-4所示。

(2)角度与边长观测

水平角观测一测回，整条导线角度闭合差的限差为$\leqslant \pm 40\sqrt{n}$（n为导线的测角数），导线边长需往返观测，竖直角观测一测回。在观测过程中，为提高效率可将以上三个要素的测量同时进行，避免对同一目标重复照准。

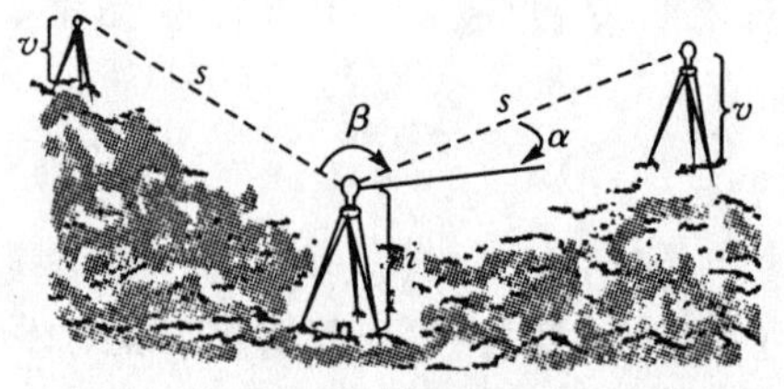

图3-4 图根控制测量测站示意图

(3)三维坐标计算

首先计算平面坐标：检核外业观测数据，在观测数据合格的情况下分配闭合差，由起算数据推算各导线点的平面坐标，计算方法查看教科书相关章节。高程计算相对简单，首先根据三角高程公式，计算出相邻两点间高差，然后对线路闭合差进行分配后，由已知点高程推算各图根点高程。计算时角值取至秒，边长和坐标均取至毫米，最后成果取至厘米。

(三)碎部测量

1. 准备工作

将控制点、图根点平面坐标和高程值抄录在成果表上备用。每次施测前，应对数据采集软件进行试运行检查，对输入的控制点成果数据需显示检查。

2. 数据采集方法及要求

(1)数据采集方法

实习采用测记法，即全站仪加内存方法，同时绘制草图，在测量熟悉程度提高后可用全站仪配合电子手簿辅助以简码法施测，简码规则参照选用的数字测图软件使用说明书。

碎部点坐标测量采用极坐标法(如图 3-5 所示)，部分难照准的部点可采用量距法和交会法等；碎部点高程采用三角高程测量。具体步骤如下：

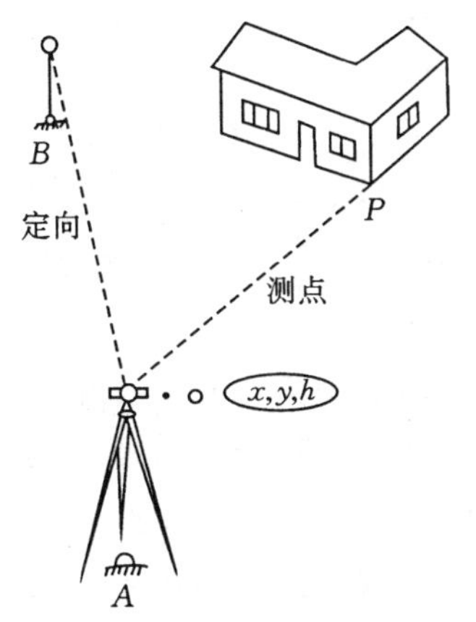

图 3-5 碎部测量数据采集示意图

①测站设置、定向与检核

安置好全站仪后，启动全站仪数据采集模式后，往往需要数据文件名用来存放下面采集到的碎部点数据，然后输入该测站对应的控制点点号及起始方向图控制点与检测点的点号，接着还要输入测站仪器高与棱镜高。对于不同型号的全站仪，这些操作过程略有差异，详见其操作手册。设站时，仪器对中误差不应大于 3 mm，照准一图根点作为起始方向，观测另一图根点作为检核，算得检核点的平面位置误差不应大于图上 0.2 mm。检查另一图根点高程，其较差不应大于 0.1 m。

②预赋属性

如采用简码法辅助测量，须在测量碎部点坐标前输入其对应的简码属性；如不采用该方式，则忽略该步骤，全站仪自动以流水号记录各碎部点的点号。

③采集碎部点坐标

准确照准碎部点处放置的棱镜，启动坐标测量，完成观测。草图法测量方式要求测量的同时绘制地形草图，测站观测人员完成一碎部点观测后，通过手势或对讲机示意跑尺员(持棱镜人员)，草图绘制人员则标出所测的是什么地物并绘制出各点的相对点位及地物形状，标注相应的碎部点点号，该点号必须与全站仪记录的保持一致。

(2)要求

①每站测图过程中，水平角测半个测回，应经常归零检查，归零差不应大于 4′。三角高程测竖角时，竖角测半个测回，仪器高和棱镜中心高应量记至毫米。

②为保证数据采集精度，碎部点也不宜太远，一般测距最大长度为 300 m。高程注记点应分布均匀，间距为 15 m，平坦及地形简单地区可放宽至 1.5 倍。高程注记点应注至厘米。

③当所测地物比较复杂时，如图 3-6 所示，为了减少镜站数，提高效率，可适当采用皮尺丈量方法测量，室内用交互编辑方法成图。

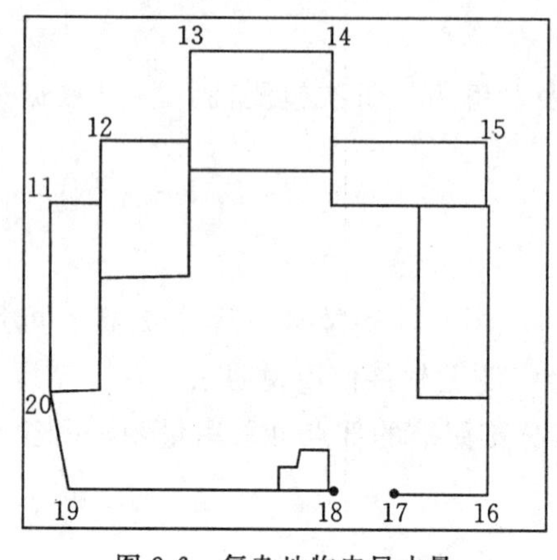

图 3-6 复杂地物皮尺丈量

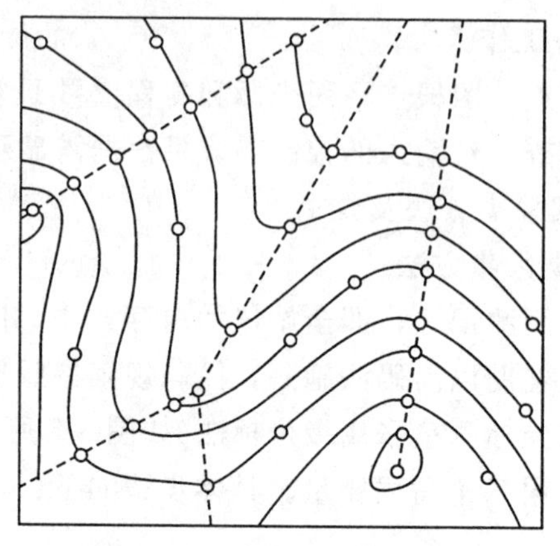
图 3-7 地貌特征点采集测量

④在进行地貌采点时，可以用多镜测量，一般在地性线上要采集足够密度的点，尽量多观测特征点。如图 3-7 所示，例如在沟底测了一排点，也应该在沟边再测一排点，这样生成的等高线才真实；而在测量陡坎时，最好坎上坎下同时测点，这样生成的等高线才能真实地反映实际地貌。在其他地形变化不大的地方，可以适当放宽采点密度。

⑤在进行碎部测量时，对于比较开阔的地方，在一个制高点上可以测完大半幅图，就不要因为距离“太远”(其实也不过几百米)而忙于搬站。对于比较复杂的地方，就不要因为“麻烦”而不愿搬站，要充分利用全站仪的精度，必要时可临时测一个支导线点。

⑥数字测图中，往往借助全站仪的测量精度高的优势采用“辐射法”在某测站同时发展若干支点，也就是在某测站上用坐标法测量方法，按全圆方向观测方式一次测定几个图根点，这种方法无须平差计算，直接测出坐标。

⑦测站完毕后，搬到下一控制点重复以上步骤继续碎部测量。每天工作结束后应及时对采集的数据进行检查。若草图绘制有错误，应按照实地情况修改草图。若数据记录有错误，可修改测点编号及相关信息码，但严禁修改观测数据，否则须返工重测。对错漏数据要及时补测，超限的数据应重测。

3. 人员安排

一个作业小组可配备：测站 1 人，跑尺员 1～2 人，绘图员 1～2 人。各小组根据小组成员总人数及具体地形情况，灵活安排。需要注意的事项：一是谁画的草图就最好由他承担完成后续的室内成图工作，二是小组成员分工要注意轮换，确保每人都得到全面锻炼。

(四)内业成图

1. 数据传输

数据传输的目的是把电子手簿或带内存的全站仪与计算机两者之间的数据相互传输，一方面把外业测量数据传输到计算机进行内业成图，另一方面也可把计算机中的数据传给电子手簿或带内存的全站仪，为外业测量做准备。

一般全站仪都附带数据传输的软件包，各数字测图软件本身也具备相应的功能。数据传输的主要操作步骤：

(1)将全站仪通过专用的通讯电缆与计算机连接好。

(2)设置数据传输的方向，要么计算机读取全站仪数据，要么计算机数据传输给全站仪。

(3)根据仪器型号设置通讯参数，主要包括通讯口、波特率、数据位、停止位、校验情况等，如图 3-8 所示；再选取好要保存的数据文件名。

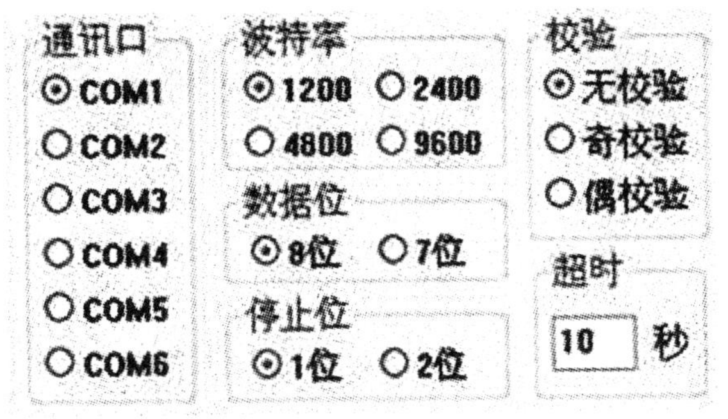

图 3-8 全站仪与计算机数据转换的通讯参数

(4)开始转换。由于不同全站仪与数字测图软件有所差异，数据传输的详细操作步骤会有差异，但主要过程是一样的。数据传输过程中容易出现的问题：①数据通讯的通路问题，电缆型号不对或计算机通讯端口不通；②全站仪和软件两边通讯参数设置不一致；③全站仪中传输的数据文件中没有包含坐标数据。

2. 平面图绘制

将野外观测的坐标数据从电子手簿或带内存的全站仪传到计算机后，就可以应用数字测图软件绘制平面图了。对于草图法、简码法、电子平板法三种不同的测图方法，其平面图绘制步骤稍有差异，但基本成图原理是一样的，即数字测图软件首先根据碎部点坐标把它按一定的比例统一展绘在计算机屏幕上，然后根据碎部点的属性信息与图形连接信息自动或人工连接成图形，并配置相应的地形图符号。下面以草图法测量方式为例，详细描述平面图的绘制过程。

在 CASS、SCS 等数字测图软件中，草图法在内业工作时，根据作业方式的不同，又分为“点号定位”、“坐标定位”、“编码引导”几种方法。其中，“点号定位”法具体作业流程如下。

(1)定显示区

定显示区的作用是根据输入坐标数据文件的地理范围定义屏幕显示区域的大小，以保证所有点在屏幕制图区可见。在数字测图软件中，调用该项功能的菜单，软件会根据坐标数据文件自动计算出显示区对应的实地地理坐标，往往为了整个测区拼图及地形图统一分幅需要，往往不采用软件的计算值，改用人工输入测区地理范围坐标值，该数值后三位往往取百位数的整数倍数。

(2)展绘点号

选择测点点号定位成图法，输入相关数据文件，所以点号就自动展绘在屏幕绘图区里。

(3)绘平面图

根据野外作业时绘制的草图，移动鼠标至屏幕右侧菜单区选择相应的地形图图式符号，然后在屏幕中将所有的地物绘制出来。系统中所有地形图图式符号都是按照图层来划分的，例如所有表示测量控制点的符号都放在“控制点”这一层，所有表示独立地物的符号都放在“独立地物”这一层，所有表示植被的符号都放在“植被园林”这一层。

如草图 3-9 所示，由 33，34，35 号点连成一间普通房屋。移动鼠标至右侧菜单“居民地/一般房屋”处按左键，系统便弹出多种房屋的对话框，再移动鼠标到“四点房屋”的图标处按左键把它选中。这时命令区提示输入绘图比例尺(绘制第一个地物时才提示)，然后提示绘制“四点房屋”的方式，有多种选项，如“已知三点”、“已知两点及宽度”、“已知四点”等，其中，已知三点是指测矩形房子时测了三个点；已知两点及宽度则是指测矩形房子时测了两个点及房子的一条边；已知四点则是测了房子的四个角点。本例中，选择“已知三点”绘制房屋，屏幕上就自动绘制一个与草图一致的房屋。

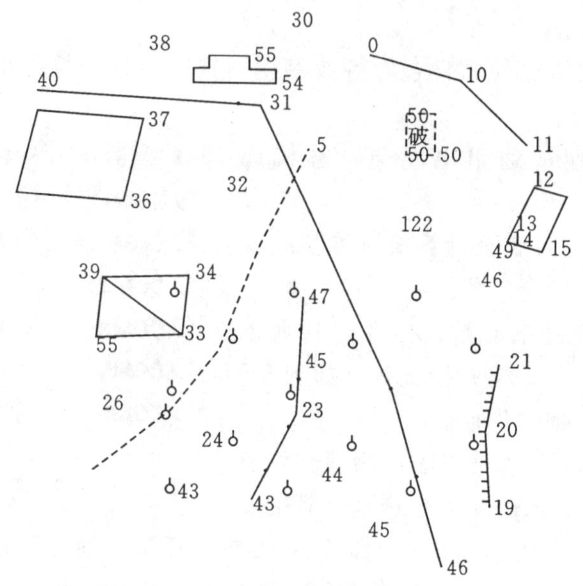

图 3-9 外业作业草图

这样，重复上述的操作便可以将所有测点用地形图图式符号绘制出来。地形图涉及大量的图式符号，不同的地物绘制方法也不尽相同，具体操作参见所采用的数字测图软件用户手册。

如果碎部点具有简码，可以在上述绘平面图步骤之间，应用测图软件相关功能，自动生成图形。简码法测图模式由于在野外测量时，每测一个地物点时都在电子手簿或全站仪上输入了其对应的简编码，因而，在上述平面图绘制过程中，数字测图软件可识别这些简码，自动调用相应地物绘制程序，实现自动制图。如图 3-9 中，33、34、35 三个点对应的简码分别为 F1、+、+，测图软件可以把这些解码解译为该三点是构成一般房屋的连续的三个房角的绘图信息，然后调用房屋绘制程序生成图形。由于实地测量时很难将每个碎部点准确及时地配上简码，只能是尽可能地输入。尽管这样，简码法配合草图法，还是有效地节省了内业人工绘图的工作量。

3. 等高线绘制

在地形图中，地貌是其必不可少的构成要素，其主要表现形式是等高线。传统的平板测图，等高线是由测量员对照实地地形手工勾绘的，等高线可以描绘得比较圆滑但精度稍低。在数字测图系统中，等高线由计算机自动勾绘，生成的等高线精度相当高。由碎部点三维坐标自动生成等高线，是所有数字测图软件必不可少的功能，其主要步骤是：先由碎部点构建三角网，然后根据实际地形修改三角网，接着在三角网上内插等高点，最后把同一高程的等高点连接成自然的曲线。在此基础上，还可以生产三维地面模型。在这一过程中，数字测图软件还要充分考虑到等高线通过地性线和断裂线(如陡坎、陡崖)等特殊情况的处理，并提供修饰工具，确保所生成的等高线尽可能合理、美观。

(1)构建三角网

数字地面模型(DTM)，是在一定区域范围内规则格网点或三角网点的平面坐标(x，y)和其地物性质的数据集合，如果此地物性质是该点的高程 Z，则此数字地面模型又称为数字高程模型(DEM)。DTM 主要的应用有：按用户设定的等高距生成等高线图、透视图、坡度图、断面图、渲染图、与数字正射影像 DOM 复合生成景观图，或者计算特定物体对象的体积、表面覆盖面积等，还可用于空间复合、可达性分析、表面分析等方面。

三角网是构建数字地面模型常用的方法之一，在数字测图软件中，其主要操作过程为：按照上述平面图绘制步骤，完成“定显示区”及“展高程点”后，输入相关的技术参数完成建网。在此过程中，CASS、SCS 等数字测图软件要求输入高程点注记距离(即注记高程点的密度)，隐含选项为注记全部高程点的高程；然后还要选择建立 DTM 的方式是由数据文件生成和由图面高程点生成；最后还要选择在建立 DTM 的过程中是否考虑陡坎和地性线。图 3-10 为某测区 DTM 三角网。

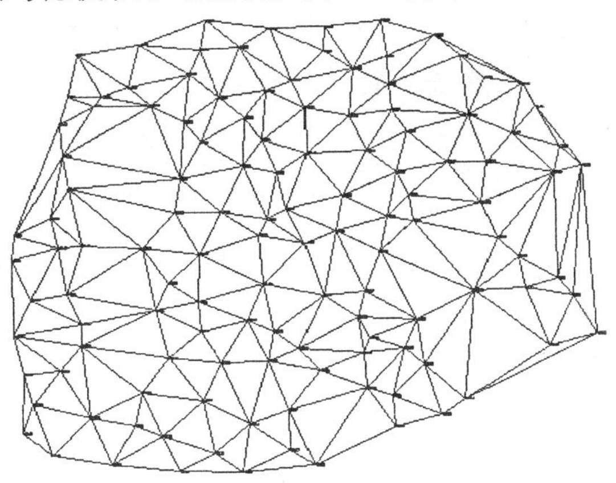

图 3-10　野外测量数据建立的三角网

(2)修改三角网

一般情况下，由于地形条件的限制在外业采集的碎部点很难一次性生成理想的等高线；另外还因现实地貌的多样性和复杂性，自动构成的数字地面模型与实际地貌不太一致，这时可以通过修改三角网来修改这些局部不合理的地方。例如，在图 3-10 中，右下角及左边对应的实地地形并没有等高线通过，则可将其局部内相关的三角形删除。删除三角形的操作方法：先将要删除三角形的地方局部放大，再选择软件中相应的功能菜单“删除三角形”项，接着再确认要删除的三角形。图 3-11 是根据实地地形删掉一部分三角形后的三角网。

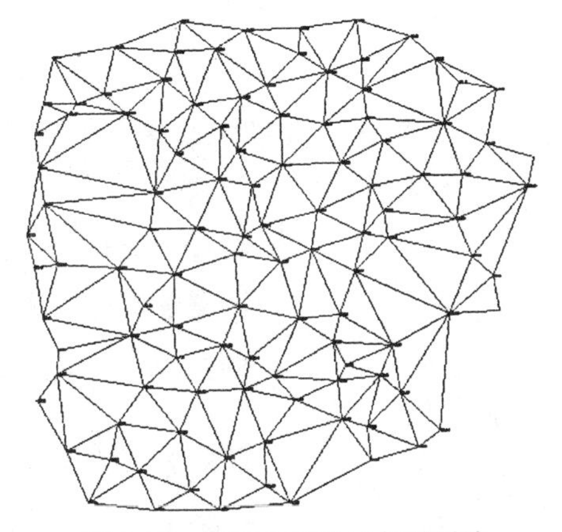

图 3-11　将不合理的三角形删除

当前生产应用的数字测图软件在三角网修改方面功能已相当完备，除了删除三角形之外，还可根据用户需要输入符合三角形中最小角的度数或三角形中最大边长最多大于最小边长的倍数等条件的三角形以过滤掉部分形状特殊的三角形，也可通过鼠标交互增加或删除三角形顶点以优化三角网。修改三角网完毕后，软件系统还会提示用户保存修改结果，以与修改前的三角网区分。

(3)绘制等高线

完成上述(1)、(2)步准备操作后，便可进行等高线绘制。等高线的绘制可以在绘平面图的基础上叠加，也可以在“新建图形”的状态下绘制。如在“新建图形”状态下绘制等高线，系统会提示输入绘图比例尺。在自动绘制等高线前，软件系统会显示参加生成 DTM 的高程点的最小高程和最大高程，并要求输入等高距以设定等高线的绘制密度，接着还会要求设定绘制等高线的曲线拟合方式。

一般来讲，等高线曲线有三种拟合方式：张力样条拟合、三次 B 样条拟合和 SPLINE 拟合，它们各有优缺点。张力样条拟合生成的等高线数据量比较大，速度会稍慢，若碎部点较密或等高线较密时，最好选择三次B样条拟合；SPLINE拟合的优点在于即使其被断开后仍然是样条曲线，可以进行后续编辑修改，缺点是容易发生线条交叉现象。实际操作中，可以尝试以上多种曲线拟合方式，根据屏幕上显示的等高线效果择优而定。图3-12所示是由图3-10的三角网自动绘制的等高线(等高距为0.5 m)，其中A图为全局图，B图为局部放大图。

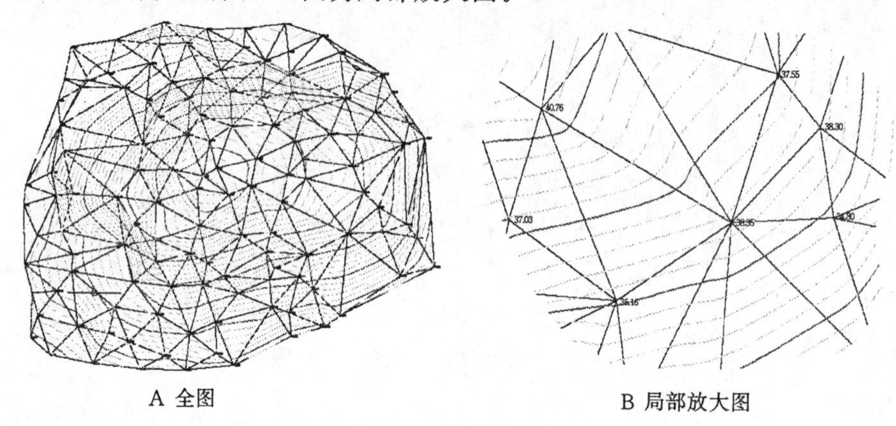

A 全图　　B 局部放大图

图3-12　绘制等高线

(4)修饰等高线

数字测图软件自动生成的等高线与相关技术规范还有一定的差距，为此许多软件提供进一步的修饰功能，如在CASS系统中，提供了注记等高线、修剪等高线、切除指定二线间或区域内等高线等工具条，确保绘制出的等高线符合制图要求。

注记等高线是指在等高线上标注高程数字，如图3-13中，应用该功能可在A处自动注记等高线的高程值，且字头朝B处。

修剪等高线是为了图面美观或便于读图(如穿注记、独立符号的等高线)，以及消除逻辑上的错误(如穿建筑物的等高线)，把局部等高线删除或裁剪掉。图3-14是CASS软件中修剪等高线的选项对话框。

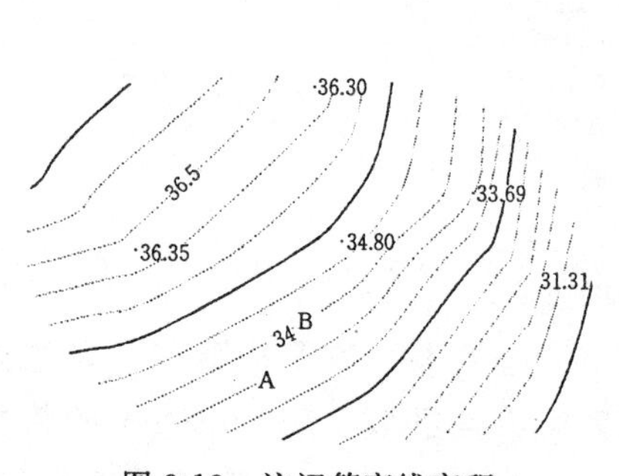

图3-13　注记等高线高程

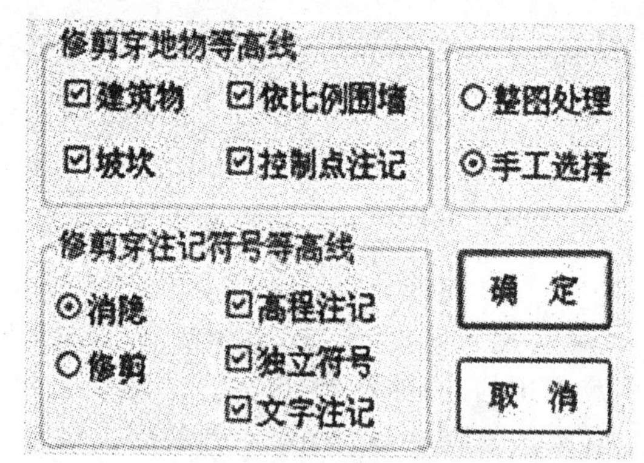

图3-14　修剪等高线选项框

等高线往往应用于穿越线状地物的等高线，例如等高线穿过公路时，可以用鼠标指定该公路的两条边线，程序将自动切除等高线穿过此边线间的部分。切除指定区域内等高线是选择一封闭复合线，系统将该复合线内所有等高线切除。注意，封闭区域的边界一定要是复合线，如果不是，系统将无法处理。

在许多软件中还提供精简等高线的工具条(CASS中称为“等值线滤波”)，能在不影响等高线形态的前提下，大幅度地减少其数据量。一般的等高线都是用样条拟合绘制出来的，其实由许多连续拟合特征点构成，如图3-15中高程为38的等高线，这些点占有了很大的数据存储量。为此，可以应用软件相应工具，精简一些，保留主要的特征点。

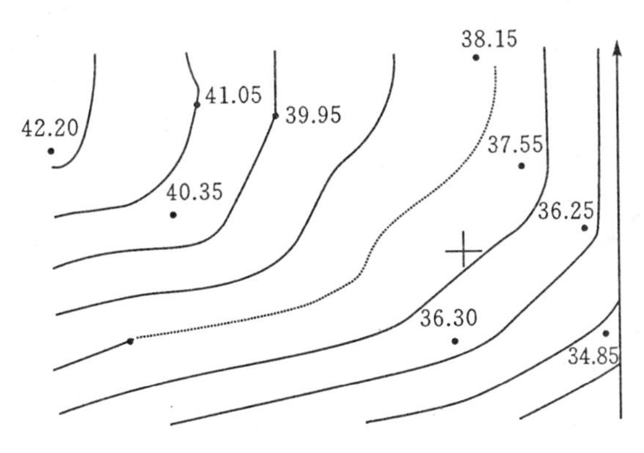

图 3-15　构成等高线繁多的特征点

(5)绘制三维模型

建立了 DTM 可以绘制等高线，也可以生成三维模型，观察实地的三维效果。在 CASS 软件中，选“等高线”中的“绘制三维模型”子菜单，命令区提示输入高程系数，如果用默认值(1.0)，建成的三维模型与实际情况一致。如果测区内的地势较为平坦，可以输入较大的值，将地形的起伏状态放大。另外，还可应用“低级着色方式”、“高级着色方式”功能对三维模型进行渲染等操作。图 3-16 为显示的一幅三维模型图。

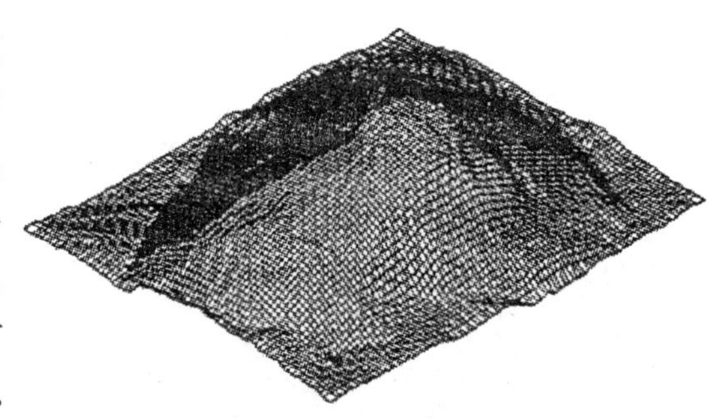

图 3-16　三维效果图

4. 编辑与整饰

图形编辑与整饰是数字测图软件必不可少的功能。大比例尺数字测图的过程中，由于实际地形地物的复杂性，再加上测量人员熟练程度不同，漏测与错测难以避免；另一方面，为满足地形图图式符号的规范要求，也必须对计算机绘制的图形进行一定的编辑。这就要求数字测图软件必须具有丰富的图形编辑功能，消除相互矛盾的地形地物，对于漏测或错测的部分，进行及时的外业补测或重测后与原有图形有机融合。

图形编辑的另一重要用途是对大比例尺数字化地图的更新。借助人机交互图形编辑，根据实测坐标和实地变化情况，随时对地形地物进行增加、删除或修改等，从而保证地形图的真实性。

对于图形编辑，数字测图软件一般把它分为两类，一类是基本编辑功能，如图形要素的删除、断开、延伸、修剪、移动、旋转、比例缩放、复制、偏移拷贝等；另一类是专业编辑功能，如图形重构、比例尺变换、线型换向、植被填充、土质填充、批量删剪、批量缩放、窗口内的图形存盘、多边形内图形存盘等。国内的数字测图软件多是在 AutoCAD 基础上二次开发而成的，欲实现上述的基本编辑功能，直接调用 AutoCAD 提供的编辑功能即可。专业编辑功能是各数字测图软件的一个重要组成，直接影响到该软件的使用效率。下面，简要介绍 CASS 中的几个主要编辑功能模块。

(1)图形重构

运行 CASS 2008，应用其图形绘制功能菜单绘出一条围墙、一块菜地、一条电力线、一个自然斜坡，如图 3-17 所示，详细操作过程见 CASS 2008 用户手册。

自 CASS 4.0 以来都设计了骨架线的概念，复杂地物的主线一般都是有独立编码的骨架线。用鼠标左键点取骨架线，再点取显示蓝色方框的结点使其变红，移动到其他位置，或者将骨架线移动位置，效果如图 3-18。

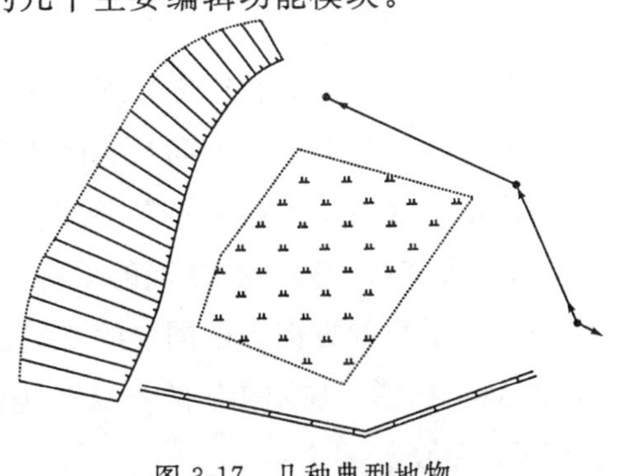

图 3-17　几种典型地物

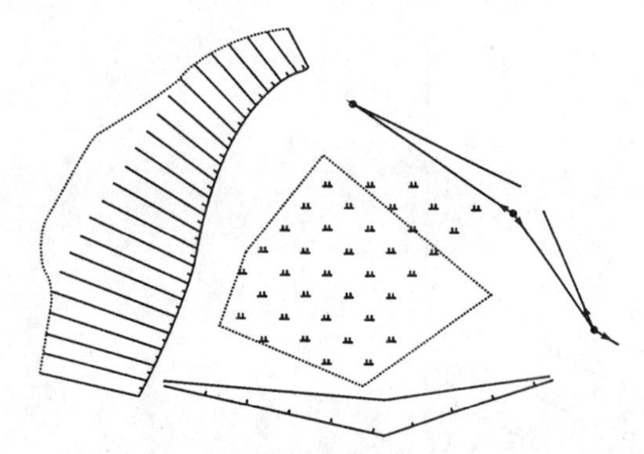

图 3-18　改变原图骨架线

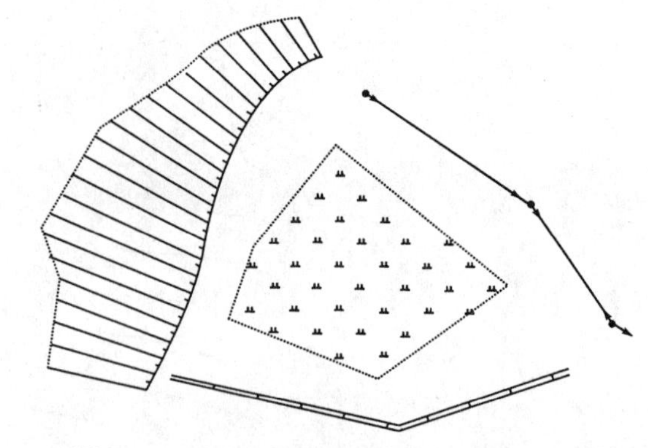

图 3-19　对改变骨架线的实体进行图形重构

将鼠标移至“地物编辑”菜单项，按左键，选择“图形重构”功能，命令区提示“*选择需重构的实体：<重构所有实体>*”，回车表示对所有实体进行重构功能。此时，原图转化为图 3-19。

(2)改变比例尺

将鼠标移至 CASS“文件”菜单项，按左键，选择“打开已有图形”功能，在弹出的窗口中输入“C:\CASS 2008 \ DEMO \ STUDY. DWG”，将鼠标移至“打开”按钮，按左键，屏幕上将显示例图 STUDY. DWG，如图 3-20。

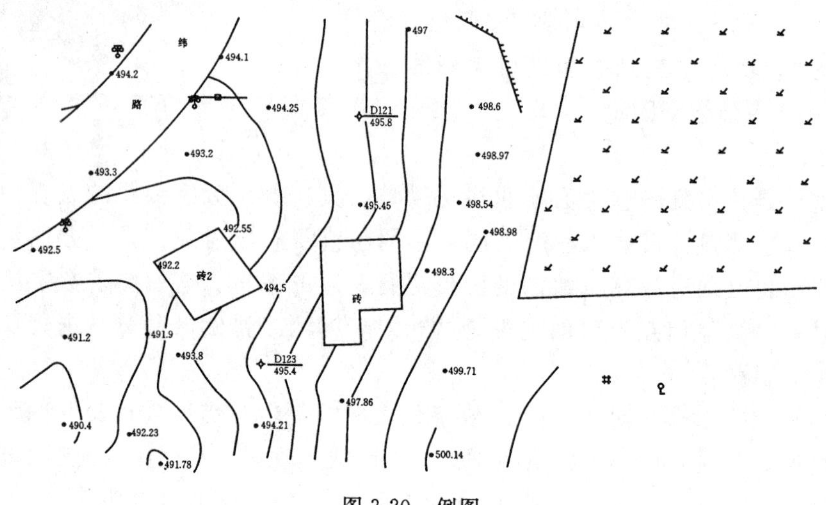

图 3-20　例图

将鼠标移至“绘图处理”菜单项，按左键，选择“改变当前图形比例尺”功能，命令区提示当前比例尺为 1∶500，要求输入新比例尺，此时输入要求转换的比例尺，例如输入 1000。这时屏幕显示的 STUDY. DWG 图就转变为 1∶1000 的比例尺，各种地物包括注记、填充符号都已按 1∶1000 的图示要求进行转变。

(3) 线型换向

在图形编辑中，往往需要编辑带有方向的线状符号，如图 3-21 中的陡坎、斜坡、依比例围墙、栅栏等，现发现它们的方向与实际相反，需要进行线型换向。

将鼠标移至“地物编辑”菜单项，点击左键，弹出下拉菜单，选择“线型换向”，命令区提示“请选择实体将转换为小方框的鼠标光标移至未加固陡坎的母线，点击左键”，这样，该条未加固陡坎即转变了坎的方向。以同样的方法选择“线型换向”命令（或在工作区点击鼠标右键重复上一条命令），点击栅栏、加固陡坎的母线，以及依比例围墙的骨架线（显示黑色的线），完成换向功能，结果如图 3-22 所示。

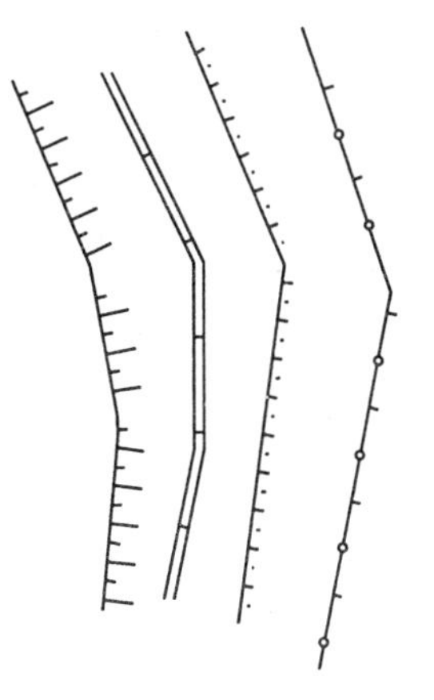

图 3-21　线型换向前

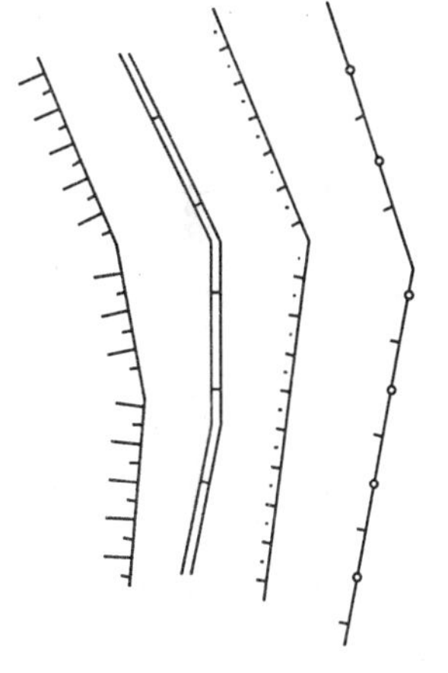

图 3-22　线型换向后

（4）图形分幅

在图形分幅前，首先要确定图形数据文件中的最小坐标和最大坐标。将鼠标移至“绘图处理”菜单项，点击左键，弹出下拉菜单，选择“批量分幅/建方格网”，命令区提示“请选择图幅尺寸：①50×50 ②50×40 ③自定义尺寸<1>”按要求选择，若直接回车默认选项①，接着输入测区左下角、右上角坐标，这样在所设目录下就产生了各个分幅图，自动以各个分幅图的左下角的东坐标和北坐标结合起来命名，如“29.50－39.50”、“29.50－40.00”等。如果要求输入分幅图目录名时直接回车，则各个分幅图自动保存在安装了 CASS 2008 的驱动器的根目录下。选择“绘图处理/批量分幅/批量输出”，在弹出的对话框中确定输出的图幅的存储目录名，然后确定即可批量输出图形到指定的目录。

（5）图幅整饰

把图形分幅时所保存的图形打开，选择“文件”的“打开已有图形…”项，在对话框中输入 STUDY.DWG 文件名，确认后其对应的图形即被打开，如图 3-23 所示。

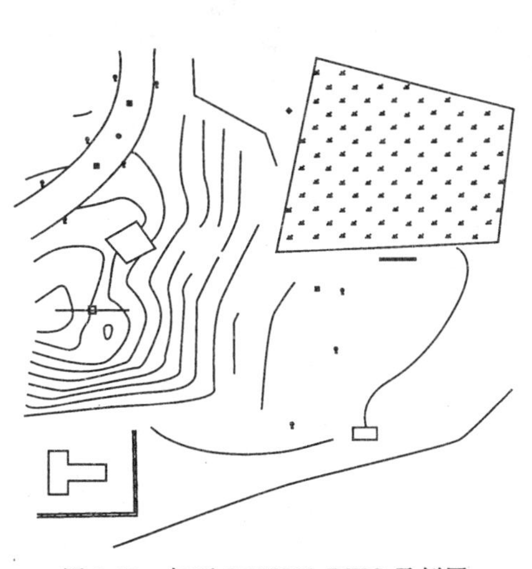

图 3-23　打开 STUDY.DWG 示例图

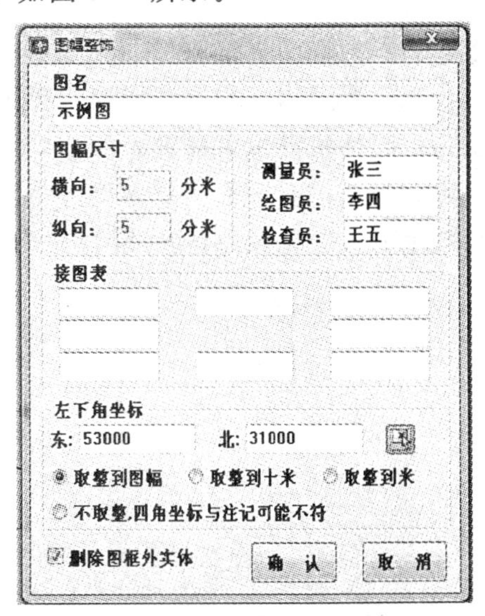

图 3-24　输入图幅信息对话框

选择“绘图处理”中“标准图幅（50×50 cm）”项显示如图 3-24 所示的对话框。输入图幅的名字、邻近图名、测量员、制图员、审核员；在左下角坐标的“东”、“北”栏内输入相应坐标，例如输入（40000；30000），回车；在“删除图框外实体”前打钩则可删除图框外实体，按实际要求选择，例如此处选择打钩；最后用鼠标单击“确定”按钮即可。

因为 CASS 2008 系统所采用的坐标系统是测量坐标，即 1∶1 的真坐标，加入 50×50 cm 图廓后如图 3-25 所示。

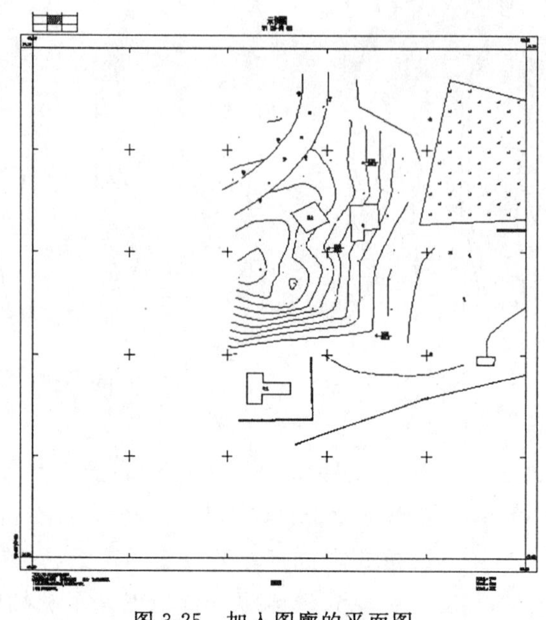

图 3-25　加入图廓的平面图

5. 打印出图

由于当前许多数字测图软件是直接在 AutoCAD 基础上二次开发的，因此图形打印可直接调用 AutoCAD 的相应功能，选择其“文件”菜单下的“绘图输出…”项即可进入“打印”对话框。首先设置打印机/绘图仪，然后设置图纸尺寸，接着设置或选择打印区域，最后确定打印比例，详细操作步骤参照软件使用手册。

（五）质量检查

对地形图质量检查的方法有：图面检查、野外巡视、设站检查。图面检查主要查看图面表示是否符合规范要求，有无明显的逻辑错误；野外巡视主要是检查是否有漏测和错测的地物，地貌表示是否符合实际；设站检查主要查看碎部点的空间定位精度是否符合技术规范要求。如果漏测错测比例过高，或者碎部点精度达不到技术设计书要求，需要采取必要补救错失，问题严重的情况下需要重测，详细技术要求参见各指导教师的实习指导书。

第四部分 测量实验报告

实验报告的填写是实验的一个重要环节，也是评判学生实验成绩的主要依据。实验报告填写的主要内容包括仪器主要构造、仪器操作主要步骤、测量过程与结果、存在的问题等。实验报告的填写可以培养学生动手能力与严谨的科学精神。实验报告的填写最重要的要求是客观真实、内容完整、计算正确，严禁伪造或任意修改数据。

实验小组在每个实验项目完毕后，应向指导教师提交一份完整的实验报告。指导教师根据实验过程中的操作表现与实验报告的完整性，并参考实验结果的正确性与精度，综合评定实验成绩。

实验一　水准仪认识及使用实验报告

实验日期：________　专业、班级：________　姓名：________　学号：________

指导教师：________　实验地点：________　时间：________　天气：________

一、水准仪主要操作部件的认识

DS_3 型水准仪

按照图中序号填写相关内容：

序号	操作部件名称	作用
1		
2		
3		
4		
5		
6		
7		
8		

二、水准测量观测记录

<table>
<tr><th rowspan="2">测站</th><th rowspan="2">测点</th><th colspan="2">水准尺读数（m）</th><th colspan="2">高差（m）</th><th rowspan="2">备注</th></tr>
<tr><th>后视读数</th><th>前视读数</th><th>+</th><th>−</th></tr>
<tr><td rowspan="2"></td><td></td><td></td><td></td><td rowspan="2"></td><td rowspan="2"></td><td rowspan="2"></td></tr>
<tr><td></td><td></td><td></td></tr>
<tr><td rowspan="2"></td><td></td><td></td><td></td><td rowspan="2"></td><td rowspan="2"></td><td rowspan="2"></td></tr>
<tr><td></td><td></td><td></td></tr>
</table>

观测员：________ 记录员：________ 校核：________

三、问题和体会

实验二　普通水准测量实验报告

实验日期：________　专业、班级：________　小组成员：________________________

指导教师：________　实验地点：________　时间：________　天气：________

一、水准测量观测记录

测站	测点	水准尺读数（m）		高差（m）		备注
		后视读数	前视读数	+	−	
校核计算						

观测员：________　记录员：________　校核：________

二、水准测量的内业计算

点号	距离（km）或测站数	实测高差（m）	改正数（mm）	改正后高差（m）	高程（m）	备注
Σ						
辅助计算						

计算者：____________　日期：____________

三、问题和体会

实验三　经纬仪认识与使用实验报告

实验日期：________　专业、班级：________　姓名：________　学号：________
指导教师：________　实验地点：________　时间：________　天气：________

一、经纬仪主要操作部件的认识

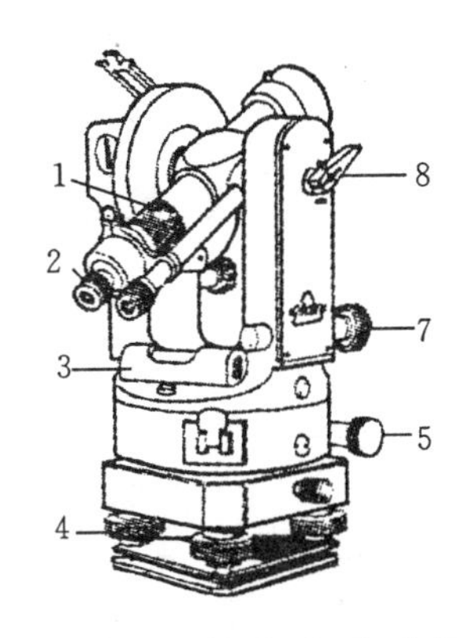

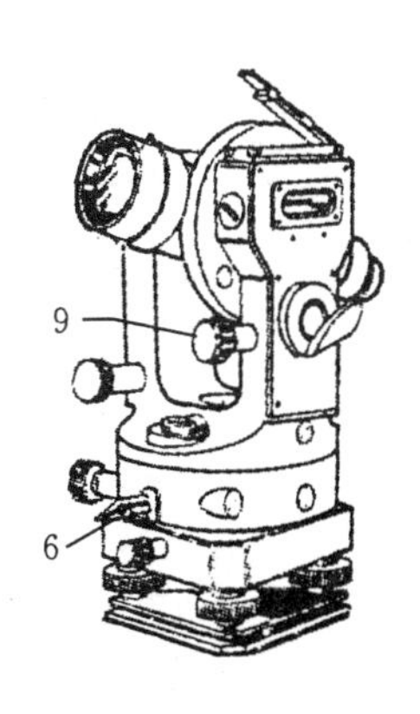

请按照图上序号填写经纬仪部件名称及功能：

序号	操作部件名称	功能
1		
2		
3		
4		
5		
6		
7		
8		
9		

二、写出下图分微尺测微器的读数

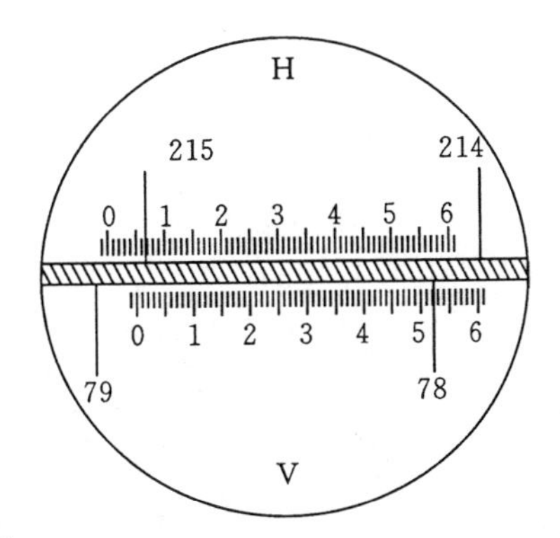

水平度盘读数________°　′　″

三、观测读数练习

<table>
<tr><td rowspan="2">测站</td><td rowspan="2">目标</td><td colspan="2">水平度盘读数（°′″）</td><td rowspan="2">水平角度数
（°′″）</td><td rowspan="2">备注</td></tr>
<tr><td>盘左</td><td>盘右</td></tr>
<tr><td rowspan="2"></td><td></td><td></td><td></td><td rowspan="2"></td><td rowspan="5"></td></tr>
<tr><td></td><td></td><td></td></tr>
<tr><td rowspan="2"></td><td></td><td></td><td></td><td rowspan="2"></td></tr>
<tr><td></td><td></td><td></td></tr>
<tr><td></td><td></td><td></td><td></td><td></td></tr>
</table>

四、问题和体会

实验四　测回法观测水平角实验报告

实验日期：________　专业、班级：________　小组成员：________________________

指导教师：________　实验地点：________　时间：________　天气：________

一、据右图（OA 为起始方向）说明测回法一测回的观测步骤

二、测回法观测水平角的记录与计算

测站	盘位	目标	水平度盘水平方向读数（°′″）	水平角		各测回平均角值（°′″）
				半测回角值（°′″）	一测回角值（°′″）	
O（1）	盘左	A				
		B				
	盘右	A				
		B				
O（2）	盘左	A				
		B				
	盘右	A				
		B				

观测员：________　记录员：________　校核：________

三、问题和体会

实验五　全圆测回法观测水平角实验报告

实验日期：________　　专业、班级：________　　小组成员：________________________

指导教师：________　　实验地点：________　　时间：________　　天气：________

一、全圆测回观测法水平测量的记录与计算

测站	观测点	测回数	水平度盘读数		$2C=L-(R\pm180°)$ (° ′ ″)	$\frac{L+(R\pm180°)}{2}$ (° ′ ″)	起始方向值 (° ′ ″)	归零后方向值 (° ′ ″)	平均方向值 (° ′ ″)	水平角值 (° ′ ″)
			盘左读数 L (° ′ ″)	盘右读数 R (° ′ ″)						

观测员：________　　记录员：________　　校核：________

二、问题和体会

实验六 竖直角测量实验报告

实验日期：________ 专业、班级：________ 小组成员：________________
指导教师：________ 实验地点：________ 时间：________ 天气：________

一、竖直角测量的记录与计算

测站	目标	盘位	度盘读数 (° ′ ″)	竖直角值 (° ′ ″)	平均角值 (° ′ ″)	指标差 (″)	备注
		左					
		右					
		左					
		右					
		左					
		右					

观测员：________ 记录员：________ 校核：________

二、问题和体会

实验七 视距测量实验报告

实验日期：________ 专业、班级：________ 小组成员：________________________

指导教师：________ 实验地点：________ 时间：________ 天气：________

一、视距测量的记录与计算

测站：________ 仪器高：________

点号	尺上读数（m）		视距间距	竖盘读数（° ′ ″）	竖直角（° ′ ″）	初算高差（m）	改正值（m）	高差（m）	水平间距（m）
	上丝								
	中丝								
	下丝								
	上丝								
	中丝								
	下丝								
	上丝								
	中丝								
	下丝								
	上丝								
	中丝								
	下丝								
	上丝								
	中丝								
	下丝								

观测员：________ 记录员：________ 校核：________

二、问题和体会

实验八　全站仪认识与使用实验报告

实验日期：________　　专业、班级：________　　姓名：________　　学号：________
指导教师：________　　实验地点：________　　时间：________　　天气：________

一、全站仪主要操作部件的认识

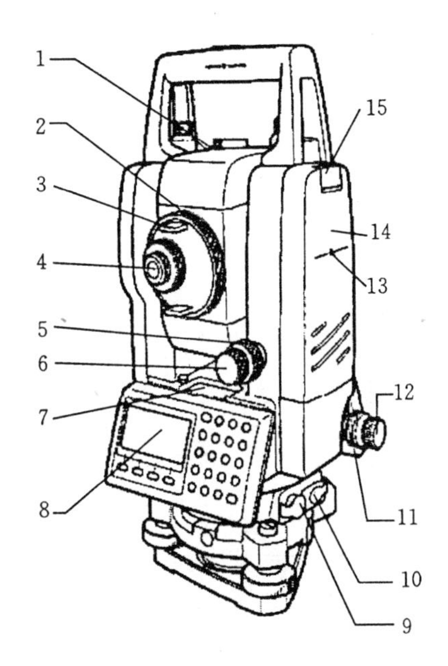

请按照图上序号填写全站仪部件名称及功能：

序号	操作部件	作用	序号	操作部件	作用
1			9		
2			10		
3			11		
4			12		
5			13		
6			14		
7			15		
8					

二、使用练习

测站：________ 仪器高：________ 觇标高：________

测点号	水平角（° ′ ″）	竖直角（° ′ ″）	距离测量			坐标测量		
			斜距（m）	平距（m）	高差（m）	X（m）	Y（m）	Z（m）

观测员：________ 记录员：________ 校核：________

三、问题和体会

实验九　全站仪控制测量实验报告

实验日期：________　专业、班级：________　小组成员：____________________

指导教师：________　实验地点：________　时间：________　天气：________

一、全站仪坐标测量模式的操作过程

二、导线计算

测站	仪器高	后视点号	后视方位角（° ′ ″）	测点号	X 坐标（m）	Y 坐标（m）	镜高 v（m）	高差 h（m）	高程 H（m）
A		D	000000		1000.000	1000.000			20.00
				B					
				C					
B		A		A					
				C					
C		B		B					
				A					

三、问题和体会

实验十　四等水准测量实验报告

实验日期：________　　专业、班级：________　　小组成员：________________________

指导教师：________　　实验地点：________　　时间：________　　天气：________

一、四等水准测量观测记录

测站编号	后视	下丝	前视	下丝	方向及尺号	标尺读数（m）		黑＋K－红（mm）	高差中数（m）	备注
		上丝		上丝		黑面	红面			
	后视距（m）		前视距（m）							
	视距差 d		$\sum d$							
					后					
					前					
					后－前					
					后					
					前					
					后－前					
					后					
					前					
					后－前					
					后					
					前					
					后－前					
					后					
					前					
					后－前					
					后					
					前					
					后－前					
核算										

观测员：________　　记录员：________　　校核：________

二、四等水准测量结果计算（高程计算）

序号	点名	方向	高差观测值（m）	测段长（km）或测站数	高差改正数（mm）	高差最或然值（m）	高程（m）
Σ							
辅助计算							

三、问题和体会

实验十一　GPS 的认识及使用实验报告

实验日期：________　　专业、班级：________　　姓名：________　　学号：________
指导教师：________　　实验地点：________　　时间：________　　天气：________

一、GPS 接收机结构及组成

二、GPS 静态接收机在测站上的操作步骤

三、问题和体会

实验十二　碎部测量实验报告

实验日期：________　　专业、班级：________　　小组成员：__________________________

指导教师：________　　实验地点：________　　时间：________　　天气：________

一、碎部测量记录与计算

测站：________　　定向点：________　　仪器高：________ m　　测站高程：________ m

点号	尺上读数（m）			视距间隔	水平角（° ′ ″）	竖盘读数（° ′ ″）	竖直角（° ′ ″）	初算高差（m）	改正数（m）	高差（m）	水平距离（m）	测点高程（m）
	上丝	下丝	中丝									

二、绘制比例尺为1：500的地形图（另附图纸）

三、问题和体会

参考文献

[1] 潘松庆．现代测量技术实训 [M]．郑州：黄河水利出版社，2008.
[2] 张鑫，何习平．工程测量实践指导 [M]．郑州：黄河水利出版社，2009.
[3] 卞正富．测量学 [M]．北京：中国农业出版社，2002.
[4] 武汉测绘科技大学《测量学》编写组．测量学 [M]．武汉：测绘出版社，2005.
[5] 潘正风，杨德麟，黄全义等．大比例尺数字测图 [M]．武汉：测绘出版社，1996.
[6] 覃辉，马德富，熊友谊．测量学 [M]．北京：中国建筑工业出版社，2007.
[7] 广州南方测绘仪器有限公司．CASS 2008 参考手册，2008.
[8] 杨正尧．数字测图原理与方法试验与习题 [M]．武汉：武汉大学出版社，2004.
[9] 潘正风，杨正尧等．数字测图原理与方法习题和试验 [M]．武汉：武汉大学出版社，2005.
[10] 花向红，邹进贵等．数字测图实验与实习教程 [M]．武汉：武汉大学出版社，2009.
[11] 国家基本比例尺地形图图式第 1 部分：1∶500 1∶1000 1∶2000 地形图图式 GB _ T _ 20257 1-2007.
[12] 国家技监局主编．GB 12898-91 国家三、四等水准测量规范 [S]．北京：中国标准出版社，2001.
[13] 国家技监局主编．GB/T 14912-2005 1∶500 1∶1000 1∶2000 外业数字测图技术规范 [S]．北京：中国标准出版社，2005.
[14] 北京市测绘设计研究院．CJ 38-99 城市测量规范 [S]．北京：中国建筑工业出版社，1999.
[15] 拓扑康全站仪 GTS 330N 使用手册 [EB/OL]．http://ishare.iask.sina.com.cn/f120492359.html，2007.